NF文庫
ノンフィクション

艦船の世界史

歴史の流れに航跡を残した古今東西の60隻

大内建二

潮書房光人新社

はじめに

船の歴史は古い。今から四五〇〇年前には、すでに「船」の姿をした水上の乗り物が誕生していたのである。この水面を移動する乗り物は当初は川や内陸の沼や湖が対象であった。そして乗り物を造る素材は水辺の植物や樹木を利用したもので、水上でも人や物を運ぶことができるように工夫されていたのである。

その後「船」は海の上を移動する手段に発展したのである。そこで船を造るために使われたのは木材であった。木材を船の材料として使うようになって以後、その発達は急速となった。西暦元年頃には大勢の人や大量の貨物を積んで海の上を移動する大型の船も完成しており、戦いに使う船まで作り上げていたのだ。

船の歴史は興味あふれるものである。船の存在が知られるようになってからの約四五〇〇年の間に、洋の東西で様々な船が造られてきたが、いま一度この発達の様子を眺め直し、それぞれの姿を確認し、そこに隠されている様々な人の動きや出来事に思いをはせてみたいのである。

本書では船の発達過程に沿いながら、いろいろな船について、そのエピソードを交えながら紹介したつもりである。お楽しみいただければと思うのである。

艦船の世界史——目次

はじめに　3
1　古代ガレー（GALLEY）　17
ギリシャに出現した軍艦と商船の始祖
2　サンタ・マリア（SANTA MARIA）　23
現代では影の薄れた偉大な発見
3　ゴールデン・ハインド（GOLDEN HIND）　29
真の世界一周の栄光は海賊王の手に
4　「安宅丸」　33
将軍の威光を示そうとした巨大な御座船
5　近世ガレー（GALLEY）　38
近世まで生きながらえていた最後のガレー船
6　エンデヴァー（ENDEAVOUR）　43
キャプテンクック第一回目の航海の探検船
7　レゾリューション（RESOLUTION）　50
キャプテンクック第二、三回目の航海の探検船

8 サヴァンナ（SAVANNAH） 56
蒸気機関付き帆船として大西洋を横断
9 ビーグル（BEAGLE） 61
ダーウィンの進化論の基礎を築いた帆船
10 シリウス（SIRIUS） 66
蒸気機関の力だけで初めて大西洋を横断
11 サスケハナ（SUSQUEHANNA） 72
日本開国に現われた不思議な名前の蒸気船
12 グレート・ウエスタン（GREAT WESTERN） 79
わずかな早さで名声を博した大西洋横断蒸気船
13 「咸臨丸」 84
往路は全員船酔い、帰路は無我夢中の航海
14 ミシシッピの河船（MISSISSIPPI STEAMBOATS） 91
人と荷物を大量に積み込んで水車で上り下り
15 「明治丸」 96
「海の記念日」を作った明治天皇のお召し船

16 タービニア（TURBINIA） 98
デモンストレーションの極致を示した快速艇
17 「信濃丸」 102
完全勝利の発端となった『敵艦ミユ』を発信
18 プロイセン（PREUSSEN） 105
世界最大のドイツの横帆型帆船
19 ドレッドノート（DREADNOUGHT） 110
世界中の戦艦を一夜にして旧式にした革新的新戦艦
20 タイタニック（TITANIC） 112
世紀の海難事故の原因となった巨大客船の隔壁
21 ヤウズ・スルタン・セリム（YAVUZ SULTAN SELIM） 118
二度の世界大戦を生き抜いたトルコの戦艦
22 サイクロプス（CYCLOPS） 121
いまだに解明されない、謎の失踪をとげた大型給炭艦
23 「長門」 126
世界初の四〇センチ主砲搭載戦艦

24 「鳳翔」 129
航空母艦として設計された世界最初の艦

25 「さんじえご丸」 132
日本の大型オイルタンカーの嚆矢

26 レキシントン（LEXINGTON） 137
アメリカ海軍最初の改造大型航空母艦

27 ステラ・ポラリス（STELLA POLARIS） 141
世界最初の豪華クルーズ客船

28 ブレーメン（BREMEN） 145
ドイツの誇りであった高速巨大客船

29 「畿内丸」 149
その後の貨物船に革命をもたらした日本最初の高速船

30 「氷川丸」 153
日本に現存する唯一の戦前型貨客船

31 レンジャー（RANGER） 157
アメリカ海軍が初めて設計・建造した正規航空母艦

32 ル・ファンタスク（LE FANTASQUE） 161
現代に至るも世界最高速のフランス駆逐艦

33 ノルマンジー（NORMANDIE） 164
世界で初めて三〇ノットを記録した客船

34 クイーン・メリー（QUEEN MARY） 168
大西洋の三〇ノット競争の栄冠獲得

35 「金剛丸」 173
日本国有鉄道の関釜連絡航路専用の高速連絡船

36 「八十島」「五百島」 178
知られざる日本海軍二等巡洋艦の数奇な運命

37 「橘丸」 181
様々な船歴を体験した華麗なる長寿の小型客船

38 「第三図南丸」 185
沈没から蘇る特異な経験をした南氷洋捕鯨母船

39 「地領丸」 189
南極観測船に変身した数奇な運命の貨物船

40 「ぶらじる丸」 193
華麗な姿で一世を風靡した戦前の日本を代表する大型客船

41 リットリオ（LITTORIO） 197
イタリア海軍最後の最大戦艦、母国で解体される

42 ビスマルク（BISMARCK） 200
宿敵との闘いの果てに最期を迎えたドイツ最大の戦艦

43 アメリカ（AMERICA） 203
アメリカを代表する北大西洋航路の戦前型大型客船

44 「新田丸」 207
欧州航路用に建造された日本の戦前最後の傑作客船

45 「雪風」 213
数多の激闘をくぐり抜け生き残った強運の駆逐艦

46 プリンス・オブ・ウェールズ（PRINCE OF WALES） 216
航空攻撃で沈められた英国の誇り高き戦艦

47 リバティー型貨物船（LIBERTY SHIP） 219
ブロック建造で大量生産されて大活躍した戦時建造貨物船

48 エンパイア型貨物船（EMPIRE SHIP） 225
戦時下のイギリスが大至急建造した貨物船
49 ウォルヴァリン（WOLVERINE） 228
外輪推進装置を持つ異形の航空母艦
50 「蛟龍」 232
日本陸軍が開発した揚陸船
51 C4S型兵員輸送船 236
戦時下に量産されたアメリカの兵員専用輸送船
52 アラスカ（ALASKA） 239
あまりにも大きすぎて持て余した巨大巡洋艦
53 「あけぼの丸」 243
戦後、鮮烈なデビューを果たした華麗な小型客船
54 ヴァンガード（VANGUARD） 247
完成時に無用の長物と化した世界最後の戦艦
55 ユナイテッド・ステーツ（UNITED STATES） 251
色あせた世界最高速のアメリカの大型客船

56 アンドレア・ドーリア（ANDREA DORIA） 254
美人薄命だったイタリアの美し過ぎた大型客船

57 「ゆきかぜ」 258
海上自衛隊最初の国産自衛艦

58 フランス（FRANCE） 261
大型客船の栄光の時代はよみがえらず

59 「山城丸」 265
世界を驚愕させた日本が建造した超高速貨物船

60 「ガリンコ号」 270
世界に例のない流氷の海を航行する観光船

おわりに 273

艦船の世界史

歴史の流れに航跡を残した古今東西の60隻

1 古代ガレー（GALLEY）

ギリシャに出現した軍艦と商船の始祖

船の歴史は古い。紀元前二五〇〇年頃のナイル川では現代の船の概念に照らしても、すでに「船」が存在していたことが、当時の出土品や壁画などから確認されている。そして紀元前一五〇〇年頃には、中東のフェニキア（現在のシリアやレバノン方面に存在した都市国家）では海を航行する高度な造船技術で建造された木製の船が造られ、交易に使われていたのである。そして紀元前一〇〇〇年頃の古代ギリシャでも、大型の木造船が多数造られ、周辺地域との交易に使われていたことが明らかになっているのである。

地中海沿岸では、一九六〇年代頃から急速に発達したアクアラングを使った水中探査が積極的に展開され、つぎつぎと海底に沈んでいる当時の船の残骸の発見に寄与している。つまり「水中考古学」の始まりである。

この一連の調査でかつての船の姿が、かなり明確にされてきているのである。その中でもとくに注目を集めたのがガレー船の実態であった。確認された資料から分析すると、ガレー船はフェニキア人がすでに紀元前一二〇〇年頃に造っていることが判明されているのである。

レバノンやシリアでは良質な船材となるレバノン杉が豊富にあり、これを加工してフェニキア人たちは高度な技術を駆使した船の建造を行なっていたのであった。そしてこの技術がその後、隣接する古代ギリシャに伝わり、今に残るギリシャ型ガレー船へと進化したのである。

　海底で発見された古代ギリシャの船と推定される船体は、その後の木造船の建造方式に酷似しており、その推進方法は一本の大型の帆柱に配置された一枚の大きな帆と数十挺のオールで行なわれていたのである。そして船の大型化にともないオールの数は増え、一段式から二段式のオールの配置（バイレム方式）となり、さらには三段式の配置（トライレム方式）へと進化していったのであった。

　これらガレー船は三段式オールの配置船では、全長三六メートル、全幅六メートルという規模になっており、さらに大型の船も確認されているのである。

　三段式オールの配置の場合には片舷で各段一二挺、片舷合計三六挺、両舷合計七二挺のオールで船を動かしていたことになるのである。そしてこのオールの漕ぎ手は一本あたり二名程度と推定されており、漕ぎ手は合計一四四名となっていた。近距離の場合には「人間動力」として機能していたのである。そして古代ギリシャでは時代が下がるとこれらを軍船（いくさぶね）として用いるようになり、構造もしだいに複雑になっていった。

　これらの型式の船は後の時代にガレー船と呼ばれるようになるが、「ガレー（GALLEY）」とはもともとは「船」を表わす言葉である。

軍船としてのガレー船はよく知られている。これはまだ統一されたギリシャではなく小国の集団となっていたギリシャ内の各国が、海運業の妨げとなる海賊への防御や隣国間での争いの場が海上になったときに駆使された船であると同時に、交易にも大いに使われたのであった。

軍船としてのガレー船は独特な構造をしていた。水面下の船首部分を前方に大きく突き出させて（衝角と呼ぶ）いたのである。そして自らの船を敵の船に勢いよく衝突させ、船首水面下の突出した衝角で相手の船腹を切り裂き、転覆沈没させる戦法に使用されたのである。また軍船にはオールの漕ぎ手以外に多くの兵員を乗せており、相手の船に自船を衝突させた後にこれら兵員が刀を振るい敵船に乗り込み、激しい斬り合いを展開したのである。

商船であるガレー船は近隣諸国との交易に使われたが、沈没船の調査ではその積荷の多くが陶器のアンフォラ（一種の甕）であることが確認されているのである。アンフォラの中にはオリーブ油や葡萄酒などが入れられていたものと推測されている。

一九六九年にイタリアのシシリー島沿岸の水深三五メートルで発見されたガレー船は、調査の結果、大量のオリーブ油のアンフォラを積んだ商船であることが確認されたが、この船は残された船材の木片の炭素分析の結果、紀元前五〇〇年頃のものであることが判明した。これは全長四〇メートル、全幅七メートルの大型ガレー船であったが、すでに二五〇〇年も前にかなり高度な造船技術を駆使した船が造られていたことになるのである。

いわゆるギリシャ型ガレー船は、その後ローマ時代になると大型化というさらなる進化を遂げるが、西暦五〇〇年頃、ローマ帝国の宿敵であった北アフリカを領土とするカルタゴは

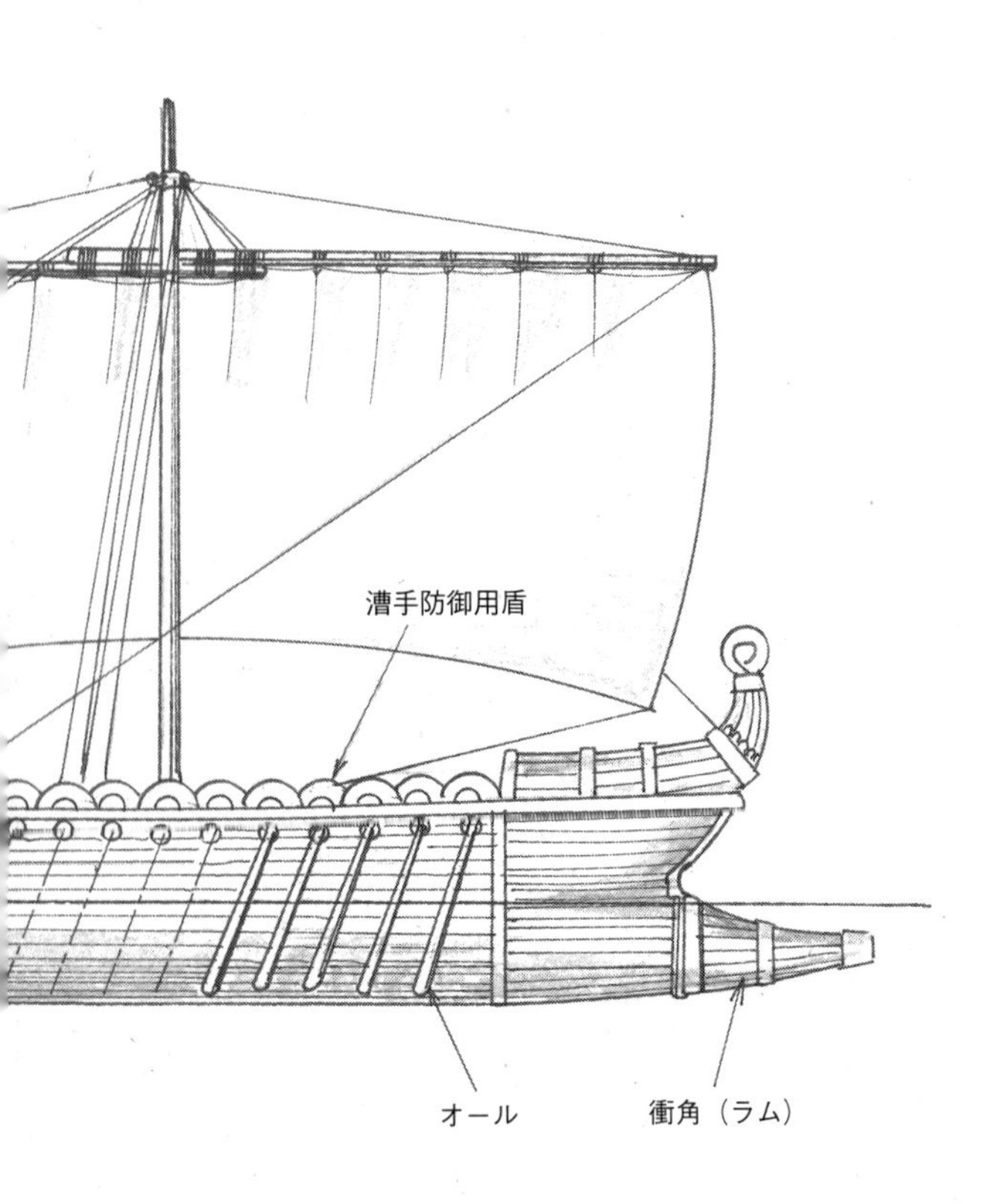
漕手防御用盾
オール
衝角（ラム）

ギリシャのガレー船

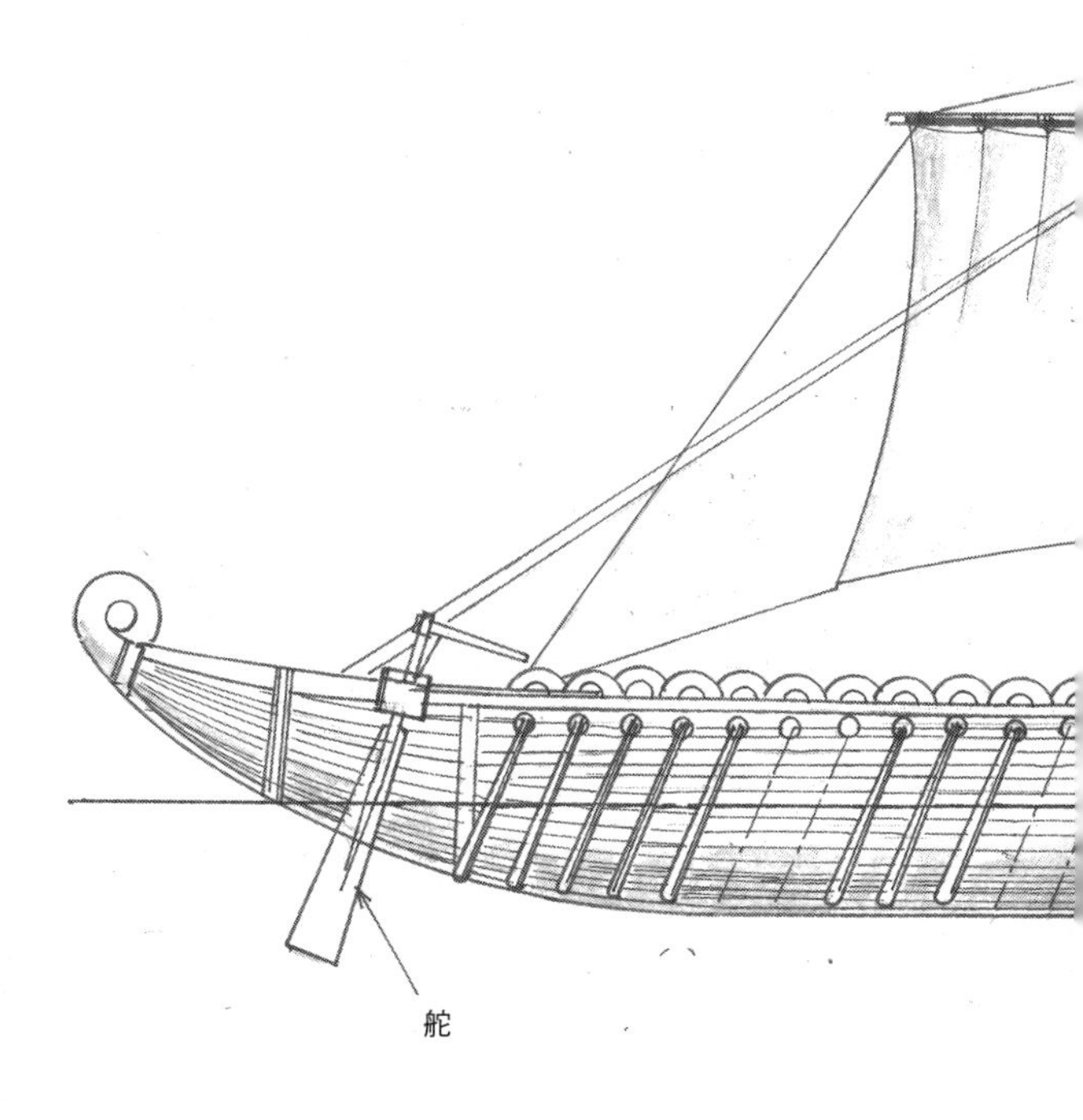

ローマに倍する大型ガレー式軍船を建造したのであった。いわゆる「ポエニ戦争」であるが、このときカルタゴ軍の軍船の推進力は当然オールであったが、そのオールの配置は四段式、五段式というローマ軍をはるかに上回る巨大な船を用意していたことが明らかになっているのである。

ローマ軍もカルタゴ軍も軍船のオールを漕ぐ人は、その大半が敗戦国の兵士（その多くは沈没した軍船の漕ぎ手や兵士たち）であったと想像されている。ただ商船のガレー船の場合は、漕ぎ手を生業とする専門の人たちであったとされている。

ガレー船は大型化するにつれて推進装置として「帆」が主力となり、さまざまなものが開発され、それにともない船体はさらに大型化し、コグ船、キャラック船、キャラベル船、さらにはガレオン船へと進化してゆくのである。

2 サンタ・マリア（SANTA MARIA）

現代では影の薄れた偉大な発見

この船はこれまでの歴史の教科書には必ず登場していた。ヨーロッパ近世に展開された大航海時代の先駆けとして、北欧を除く西ヨーロッパの国々の人が初めて大西洋を横断したときに使われた船の名前である。この船の指揮者はクリストファー・コロンブス、つまりコロンブスである。西暦一四九二年のことであった。

コロンブスの偉業は、初めてアメリカ大陸を発見した人物として、近年まで世界中の教科書に載って広く知られていた。しかし現在では、アメリカ大陸を発見したのはコロンブスという定説は消えかかっている。コロンブスの名は単に「大西洋を船で横断した西ヨーロッパの航海者の一人」と紹介されているに過ぎないのである。

彼は一四九二年を第一回目として合計四回の大西洋横断を行なっているが、初めて「アメリカ大陸」に到達したのは四回目の航海（一五〇二年）のときであった。そしてこのとき彼が到達したアメリカ大陸とは、北米大陸と南米大陸をつなぐ大地峡部の中米だったのである。

彼が第一回目の航海で到達した「陸地」は、カリブ海に浮かぶ小さな島、サンサルバドル島であったのだ。彼は周辺に点在する島々を探検した後に母国に帰還し、「想像されていた新しい陸地を発見した」と報告したのである。これがつまりは新大陸の発見という尾ひれがついて、アメリカ大陸発見の話に繋がっていったのである。帆船サンタ・マリアはこの航海で彼が乗船し指揮を執っていた船の名前である。

ちなみにコロンブスと同時代の人物で最初にアメリカ大陸にたどり着いたのは、コロンブスと同じイタリア人のアメリゴ・ベスプッチで一四九九年のことであった。

なぜアメリゴ・ベスプッチではなくコロンブスがアメリカ大陸の最初の発見者とされたのか、今もってその定かな理由は謎なのである。おそらく一介の小島であっても、初めて大西洋を船で横断し「未知の陸地に到達した」と過大に評価され、いつしか「コロンブスこそアメリカ大陸の発見者」という偉業が築きあげられてしまったのであろう。

じつは現代の世界歴史の上で明確になっていることは、コロンブスの大西洋横断よりもおよそ五〇〇年も前に、北欧のバイキングたちがサンタ・マリアよりもはるかに小さなバイキング船で北大西洋を横断し、現在のカナダ東岸付近に到達し入植していた、という事実である。つまりコロンブスたちのアメリカ大陸発見よりはるか前にアメリカ大陸は発見されていたことになるのである。

現代では「コロンブスがアメリカ大陸の最初の発見者」という定説は完全に影をひそめている。コロンブスがアメリカ大陸の最初の発見者というこれまでの定説は、当時のヨーロッパ中心の世界観を背景とする西欧人の思い上がりから出た発想であり、明らかな間違いであるとして世界の歴史学者の間からコロンブス説が排除されてしまったのである。

さて歴史学的な話は別にして、興味が湧くのはサンタ・マリアとはどのような船であったかということである。

サンタ・マリアは全長二三・六メートル、全幅七・九メートル、吃水（船底から喫水線までの深さ）二・一メートル、排水量五一・三トンという思いのほか小型の船であった。具体的には新幹線の車体を二列に並べたほどの規模である。

サンタ・マリアの甲板は二重構造で上甲板の下に第二甲板があり、ここが乗組員の居住区域となり、さらにその下は食料や水の樽、そして様々な予備品を収める倉庫となっていた。船底中央の竜骨付近には船体の安定を保つためのバラスト（石材や鉄塊などの重量物）が搭載されていた。

甲板上には小型の船でありながら三本のマストが立ち、一番目と二番目のマストには二本の横桁が取り付けられ、それぞれに一枚の大きな帆が張られていた。そして船尾のマストには大型の三角帆（ラティーンセール）が張られていた。このタイプの帆船は当時を代表する帆船でキャラベル船と呼ばれた。

船の全長と全幅の比率は約三・三で極めてズングリした形状で、とても高速力を望むものではなく、可能な限り大量の貨物を搭載できる交易専用の船であったのである。

つまりはるばる大西洋を横断したサンタ・マリアは、現代日本の船にたとえれば近海用の漁船、あるいは近年まで使われていた機帆船程度の規模の船だったのである。

ただこの程度の小船で広大な未知の大西洋に乗り出したコロンブスの勇気には敬意を示さ

サンタ・マリア

ねばならないのだ。

この航海はサンタ・マリアを指揮船として、サンタ・マリアより小型の二隻の帆船が同行している。一隻はピンタ（ＰＩＮＴＡ）、もう一隻はニーニャ（ＮＩＮＹＡ）である。三隻の乗組員の合計は九七名であった。

この航海についてはコロンブスの直筆とされる『コロンブス航海記』が現在に残されており、日本語版も出版されている。それによると、八月の出港以来、大海原の航海が二ヵ月も続いて、乗組員たちにも動揺が見え始めたころ、出港六九日目にサンタ・マリアに随伴するピンタの乗組員が前方に陸地（島影）を発見、三隻はその島に到着したのである。この島は西インド諸島の中のバハマ諸島に属するサンサルバドル島（ワットリング島）であった。島に滞在した三隻はその後さらに西に進み、イスパニオラ島（現在のハイチ島）に到着している。

しかしサンタ・マリアはこの島の海岸で座礁し、船体は全損したのである。その後コロンブスはニーニャに移り帰国の途についている。出発地に帰着したのは翌一四九三年三月であった。

3 ゴールデン・ハインド（GOLDEN HIND）

真の世界一周の栄光は海賊王の手に

本船は一五七七年にイングランドで建造されたガレオン型帆船である。ガレオン型帆船とは一五世紀末ごろに出現したキャラベル型帆船やキャラック型帆船よりも航海能力に優れた大型の帆船で、操縦性と復元性に高い性能を発揮した。この型式の帆船は近世ヨーロッパの外航航路の主力帆船として世界の海を席巻した。江戸時代に日本に来航し、あるいは漂着したオランダやポルトガル、スペインの船はすべてがこのガレオン型帆船だったのである。

ガレオン型帆船はその外観に大きな特徴があった。その一つが大きく反り返った甲板と船尾の楼閣構造である。船体は上甲板を含めておよそ三層の甲板で構成され、船尾の反り返った楼閣状の構造物は上級船員や乗客の居室区域として用いられていた。一般乗組員（下級船員）は下甲板にごろ寝、またはハンモックで就寝し、食事などは当該甲板で車座になってとっていた。

この当時、ほとんどの帆船は商船でありながら、海賊対策として十数門の砲（先込式）を搭載し、この下甲板にも片舷一〇門前後を配置していた。砲は舷側に装備された蓋を開けることにより射撃が行なわれた。もちろん砲の操作は下級乗組員の担当となっていた。

マストは三本乃至四本が配置され、前部の二本または三本のマストには二本あるいは三本の横桁が固定され、それぞれに大型の帆が張られた。そして最後部のマストには一本の横帆桁が配置され、そこに一枚の大型の帆が張られると同時に、その後方に大型の三角縦帆（ラティーンセール）が展帆されるのである。

ゴールデン・ハインドは三本マストのガレオン型帆船で、排水量一〇〇トン、全長二六・五メートル、全幅四・七メートルで、船体の縦横比率は五・四であった。前出のサンタ・マリアよりは一回りも大型であるが、細身の船体であり航海能力に優れていた。そして合計二六門の大砲を搭載し、乗組員の総数は一四六名に達した。

ゴールデン・ハインドは商船とも軍艦ともいえる船であった。この時代はまだ海軍というものが完全に確立されていない時代であった。しかし商船を襲う海賊はすでに出現していた。この海賊船は基本は商船であるが、その船体に多数の大砲を搭載し、砲撃力で相手商船を威嚇して積荷を略奪、加えて多くの場合、乗組員の命を奪う蛮行を働いたのだ。

これに対抗するために多くの商船は多数の大砲を搭載し、海賊に立ち向かったのであった。そしてこの武装商船の集団が組織化されたものが、その後海軍として発展してゆくのである。じつはこのゴールデン・ハインドの船長フランシス・ドレークの正体は、イギリスに海軍が誕生する黎明期の私掠船（しりやくせん）の船長であったのだ。

私掠船とは国家公認の海賊船のことで、国王の許可を得て外国商船を襲い積荷の財宝を奪い、それら財宝を国家財産に納めるのが任務なのである。エリザベス一世女王時代の一六世紀のイングランド国家の富の多くは、これら私掠船が略奪した財宝により潤っていた時代でもあったのである。

一五七七年にエリザベス一世女王はフランシス・ドレークに対し秘密の命令を下した。それは世界一周をすることにより略奪を展開、さらに領土の占領、そして新たな航路の開発であった。

ゴールデン・ハインド

ドレークに下された命令の具体的な内容はつぎのとおりであった。彼を指揮官とする私掠船五隻からなる戦隊を編成し、カリブ海から南米大陸の東岸、さらに南米大陸南端を回り、太平洋を南米大陸の西岸に沿って北上する。この間にスペインやポルトガルの植民地として栄えていた拠点を襲い財宝を略奪する。そして南米大陸の北部付近で針路を西に向け太平洋を西に進み、モルッカ諸島に入り香料を大量に略奪、または入手する。この間に新たな領土の確保も念頭に置き、同時に新規航路の開拓を行なうことであった。

つまりフランシス・ドレークは旗艦ゴール

デン・ハインドで世界一周の航海を実行することになったのである。彼はすべての任務を果たし、イギリス出航三年後の一五八〇年九月に出発地プリマスにもどってきたのであった。ドレークは世界一周航海の途上で死亡したフェルディナンド・マゼランの遺志を継ぎ、「初めて船で世界一周を成し遂げた航海者」となったのである。そしてそれを無事にもたらした船がゴールデン・ハインドというガレオン型帆船であったのだ。

なおマゼランの乗船したキャラック船のビクトリアは、一五二二年に世界一周の旅を終え母港にもどってきたが、マゼラン自身は途中フィリピン諸島に滞在中に地元住民の紛争に巻き込まれて亡くなっている。

ゴールデン・ハインドが持ち帰った財宝や物資の対価は当時の価格で優に三〇万ポンドを超えていたといわれ、この額はイングランド王国の年間歳入より多かったとされている。ドレークはこの偉業により「サー（爵位）」の称号を授けられ、イギリス海軍創設期の提督に昇進し、後に展開されたスペインの無敵艦隊との海戦ではイギリス艦隊の一翼を担い、決定的な勝利をもたらす原動力になったのである。

4「安宅丸」

将軍の威光を示そうとした巨大な御座船

「安宅丸」とは江戸時代初期の一六三四年（寛永十一年）に建造された巨大な木造船である。ただし、この「安宅丸」は船本来の目的である「航行」を行なうものではなく、その存在を誇示することが目的だったらしい、不思議な船なのである。

本船は幕府の御船手奉行（幕府所有船の建造と航行を司る責任者）であった向井将監忠勝が、三代将軍徳川家光の命を受け建造したものとされている。向井忠勝はもともと二代将軍秀忠の信頼が厚く、六〇〇〇石の大身旗本で御船手奉行を務めていた人物である。忠勝は実質的には当時は形骸化されていた徳川水軍の将の位にもあった人物とされている。忠勝の先代は和船の造船技術に長けており、彼もその知識を伝授されていたのであった。

寛永年間初めに、彼は将軍家光から幕府の威光を海上でも誇示するための巨大な船の建造を命ぜられたのである。そして彼は伊豆の伊東でこの船の建造を開始したのであった。

本船の建造の経緯については定かでないが、一六三二年に建造が開始され、二年後の一六三四年に完成している。その後、本船はただちに相模湾を横断し江戸湾まで回航されることになったが、その航海は尋常ではなかったと想像されるのである。その理由は本船の構造と

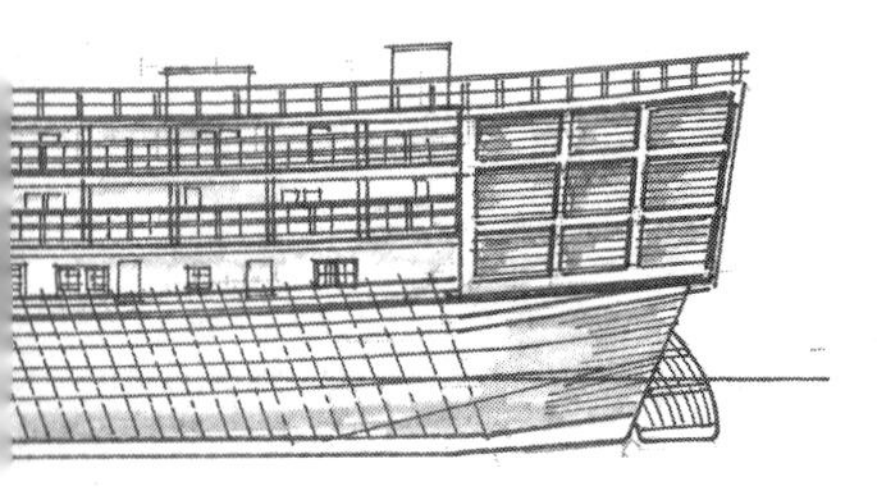

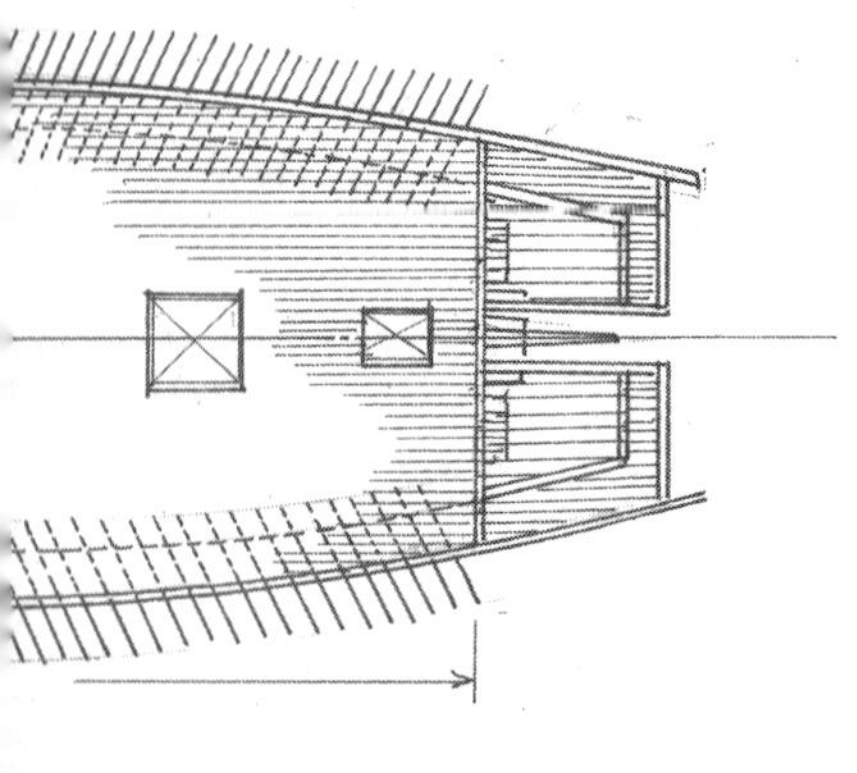

安宅丸

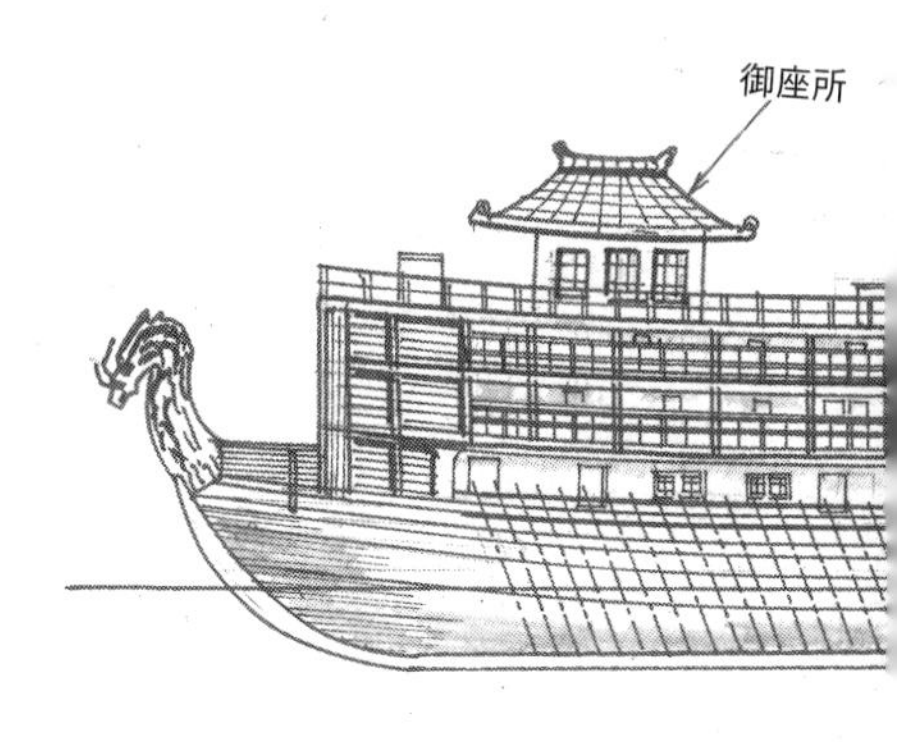

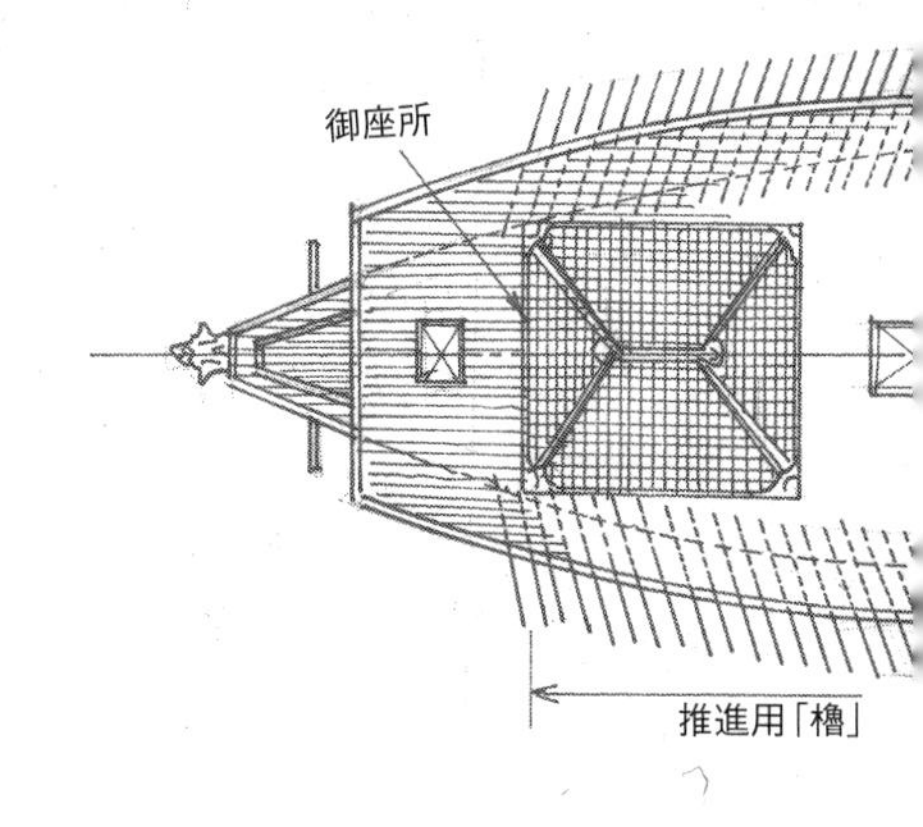

推進力にあった。

「安宅丸」の建造に関わる図面などは一切存在しておらず、その外観を描いたとされる一枚の想像図だけが現在に残る本船の姿を示すものとなっている。それは純然たる和船構造の船ではあるが、添付図に示すとおり極めて巨大な上部構造物を持った特異な外観であったことがわかる。

ただ本船の規模については若干の記録が残されている。それによると竜骨（船首から船尾にまたがって連なり配置される船底の基本強度構造物）の長さは一二五尺（約三八メートル）、肩幅（甲板の外にまではみ出した構造物の最大幅）は五三・六尺（約一六メートル）とされている。つまり実際の甲板全幅は約一二メートル（四〇尺）と推定されるのである。

これによると本船の吃水線の全長と全幅の比率は約三となり、コロンブスのサンタ・マリアと同じく極めてずんぐりとした船であったことが分かる。ただしこの船には帆柱が一本もないのである。つまり本船の推進力は一〇〇挺の艪によって得られたのであった。そして片舷五〇挺の各艪は、それぞれ二人がかりで操作されるようになっていた。

そもそもこの「安宅丸」の存在意義は何であったのか。建造の目的はまったく不明であるが、考えられていることは、江戸湾に本船を浮かべ、陸地から江戸城を崇めるように、海上でも幕府の威信を誇示しようとした海に浮かぶ「城もどきの構造物」と見るのが妥当のようである。そのためか本船の想像図には最上甲板にまるで城の天守のような構造物が配置されているのである。

本船は完成後、江戸湾に向けて伊東から相模湾を横断したが、合計一〇〇挺とはいえ、このような大型船を艪の推進力だけで動かすのは容易ではなかったと推測できる。江戸湾到着にはおそらく数日を要したものと考えられるのである。

江戸湾の「安宅丸」には徳川家光が来訪し乗船したといわれているが、将軍の乗船はこのとき一度だけだったとされている。

その後、「安宅丸」は準備されていた本所深川のお舟蔵に移動し、二度と江戸湾に引き出されることなく、このお舟蔵で生涯を終えている。「安宅丸」が収容されたお舟蔵は現在の隅田川下流の新大橋手前左岸にあり、ここには本船以外にも数隻の大名所有の船が格納されていたと伝えられている。

「安宅丸」のお舟蔵での繋留維持費は極めて高額となり、幕府のその後の財政引き締め策の対象となった。「安宅丸」は完成から約五〇年後の一六八二年（天和二年）に、回航後一度も江戸湾に現われることなく解体された。

5 近世ガレー（GALLEY）

近世まで生きながらえていた最後のガレー船

ガレー船は古代ギリシャやローマ時代に限られた昔話の船ではない。ガレー船は地中海の船の歴史の中では一八世紀頃まで、進化した船として活躍していたのであった。

フランスの商船隊は一七世紀後半から一八世紀の初めにかけて、ルイ一四世の治世の時代に一時的ではあるが地中海における商船隊の覇者であったのだ。そしてこのとき活躍した商船がフランス型のガレー船であった。

ルイ一四世は国家の威光を地中海沿岸諸国にまでおよぼすために、フランスの交易船の増強を図った。その具体策として採られたのがフランス型ガレー船による商船隊の編成であった。そしてこの商船をときには軍船として使い、地中海の制海権を手中に収めようともしたのである。

この頃には、すでにイギリスやスペイン、あるいはオランダなどが大型のキャラベル型やガレオン型帆船を建造し、交易や武装商船として運用していたのだが、地中海沿岸諸国にはまだこのような大型帆船を保有している国はほとんどなく、また狭い地中海ではその必要もなかったのであった。そこではガレー船は十分に交易に運用され、また軍船としても活用できたのであった。

この状況の中でフランスが建造したガレー船は大きなものであった。このフランス型大型ガレー船に関しては詳細な図面や要目が残されているのである。それによると大型のガレー船では全長四七メートル、幅九メートル、船体中央部の深さ（船底から甲板までの高さ）三メートルに達するものがあり、その排水トン数は二五〇トン前後と推定されるのである。

この大型ガレー船には船体の最前部と中央に帆柱が配置され、その高さは甲板上二〇メートル前後となっており、そこに大面積の地中海で特有の三角帆（ラティーンセール）が配置されていたのである。

そしてまた推進装置として多数のオールも配置されていた。オールの長さは約一〇メートルで、片舷それぞれ二七挺、両舷五四挺のオールを推進力としたのである。ただ通常の航海では帆走であるが、無風または港への出入りに際しては人力推進となっていたのだ。このオールは一挺あたり五名で操作されるもので、漕ぎ手だけでも総勢二七〇名に達していたのである。

この漕ぎ手たちは甲板の両舷にそれぞれ五名ずつ座ってオールを持ち、数名の指揮官の命令により一斉に漕ぐのである。動力となる人々の大半は犯罪受刑者が占めていたといわれ、ガレー船の漕ぎ手は一種の徒刑とされていたのである。しかしなかには高給を求めプロの漕ぎ手となる人々も少なからず存在したとされている。

当時、漕ぎ手となった徒刑囚の供給は比較的潤沢であったようである。彼らの大半は窃盗

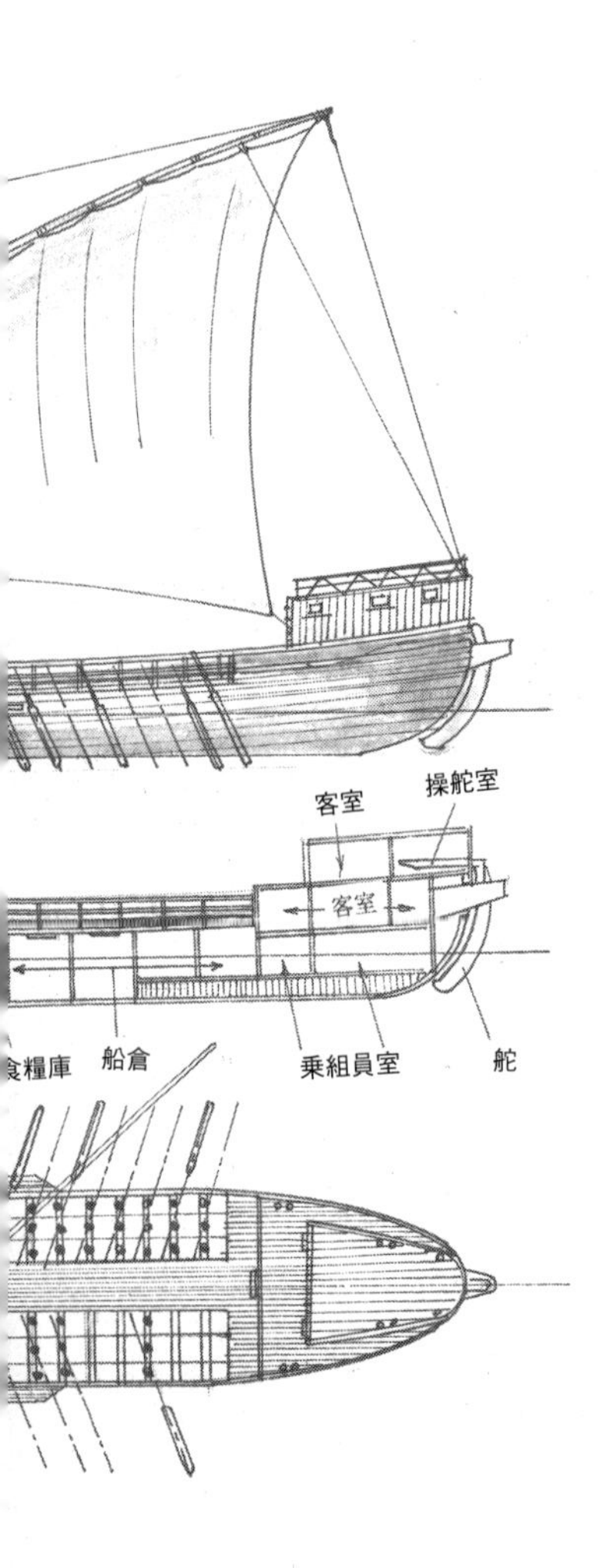
客室
操舵室
客室
食糧庫
船倉
乗組員室
舵

フランスのガレー船

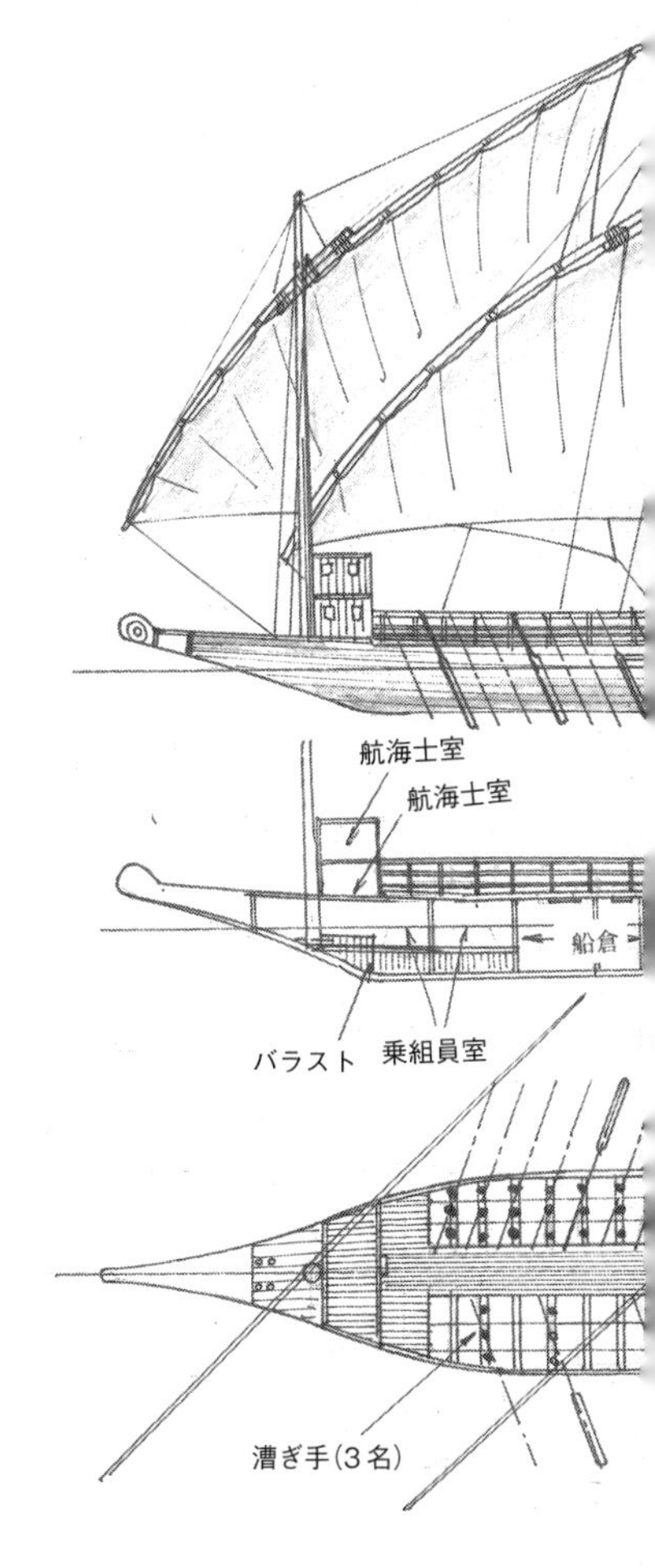

犯、密売人、脱走兵、異教徒など、さまざまな理由で収監された罪人であるが、刑期は三年程度と軽く、漕ぎ手の確保の上からも「ガレー船の漕ぎ手」という徒刑が科せられたのであった。

参考までに、ガレー船漕ぎ手徒刑囚の食事の記録が残っている。それによると彼らは一日あたり九八〇グラムのビスケット、油と塩で味付けされた一二〇グラムの茹でたソラマメ、水と少量の葡萄酒と記録されている。また彼らは脱走できないように足首は鎖で繋がれていたとされている。ただ航海中はよほどの無風でない限り帆走となるために漕ぐ作業はなくなるのである。

なおプロの漕ぎ手の待遇は彼らとはまったく異なり、徒刑囚とは隔離された配置にあり、十分な食事と給料をもらって漕ぐ作業を専門に行なっていたのである。

船体の構造は甲板の下の大半は貨物艙になっており、積荷の搭載量は最大三〇〇トン前後であった。また船首部分の一部と船尾部分の大半は乗組員や少数の旅客の居住区域となっていた。

一時的に隆盛を保っていたフランス型ガレー船も、ルイ一四世の退位後、国家の政策転換とともに急速にその姿を消してゆくことになったのである。

6 エンデヴァー（ENDEAVOUR）

キャプテンクック第一回目の航海の探検船

イギリスの著名な海洋探検家であり、イギリス海軍軍人でもあるジェームズ・クックは、一七六八年八月八日に第一回目の太平洋探検航海に出発した。このとき彼は海軍大尉で、若年艦長として指揮を執った艦がこのエンデヴァーであった。彼はその後、第二、三回の太平洋探検航海を行なっているが、この二度の航海で指揮した艦はエンデヴァーではなくレゾリューション（RESOLUTION）であった。

エンデヴァーの本来の姿は軍艦ではなく、一七六八年にイギリス沿岸航路の石炭輸送船として建造された貨物船で、これを海軍が探検用の特設艦として購入したのであった。海軍がこの船を購入した理由は、その機能が未知の海域の航行にふさわしいと判断したからである。つまり新造船で造りが頑丈、そして船底の構造が浅海を航行するのに適していたためであった。

本艦は全長三二・三メートル、全幅八・九メートル、排水量は三六八トンという規模であった。船体の縦横比率は二・八というズングリした船形であるが、帆船としての安定性は抜群と推測されていた。ただこのずんぐりとした船体で高速を望むことは不可能で、航海速力はわずかに平均八ノット（時速約一五キロ）、一日の平均航行距離は三六〇キロであった。船体は三本マストのシップ型帆船（マストのすべての帆が横帆の帆船）で、乗組員数は艦長以下九七名に達した。この中の一二名は非常事態に備えた海兵隊隊員であったが、その他に博物学者二名と天文学者一名が加わっていた。

エンデヴァーの行く先は南太平洋のタヒチ島であった。本艦がタヒチ島に派遣される表向きの目的は太陽系の惑星金星の観測で、「タヒチ島で特定の日時に金星の太陽面通過を観測、その結果から金星と太陽の直径の試算を行ない、それをもとに地球の直径を正確に測定すること」であった。

しかしもう一つの重要な目的は、太平洋に存在するとされる未知の大陸（後に確認されたオーストラリア大陸）の調査であった。イギリスはこの未知の大陸に到達しイギリス領土とする計画を持っていた。

エンデヴァーは一七六八年八月八日にプリマスを出港し、新たな海域に挑んだ。その後エンデヴァーは大西洋を一路南下し、南アメリカ大陸東岸に向かった。そして出航三ヵ月後の十一月三日にブラジルのリオ・デ・ジャネイロに到着、この地で船体の修理と食料物資の補給を行ない、南アメリカ大陸の東岸沿いにさらに南下し、大陸南端のホーン岬を回って太平洋に進んだのである。

出港八ヵ月後の翌一七六九年四月にエンデヴァーはタヒチ島に到着した。この地で目的である金星の観測を行ない、また周辺の海域や島々の調査を実施した。その後クック艦長は船を西に進め「未知の大陸」の探検に向かったのであった。

一七六九年四月十九日、エンデヴァーは未知の島（オーストラリア大陸）に到達した。陸地はまさに大陸であり、一行は錨をおろすのに適した湾を見つけ、当面の泊地としたのであった。この場所は現在のシドニー市の南に位置する湾であった。この湾に滞在する間に乗船していた学者たちは周囲の動植物の観察と資料の採取を行なったが、発見される中には未知の種類のものが数多く見られ、クック艦長とともに彼らはこの湾を「ボタニー湾（植物であふれた湾）」と命名したのである。

（注）イギリスがオーストラリア大陸を正式なイギリス領土とした後、一八世紀から多くの移民をこの地に送り込んだが、その記念すべき最初の上陸地はこのボタニー湾で、以後ボタニー湾は「オーストラリア国発祥の地」とされたのである。

クック一行はその後、新発見の大陸沿いに北に進んだが、六月十日の深夜、艦は未知のサンゴ礁に乗り上げ艦底を損傷してしまったのであった。オーストラリア大陸東北沿岸に連なるグレートバリアリーフの南端で環礁に乗り上げてしまったのであった（現在この環礁は「エンデヴァー環礁」と命名されている）。

クック艦長はこの事態に冷静に対処した。船体を軽くするために艦上のすべての物資（船の安定のために積み込まれた大量のバラストも含め）を陸揚げ、または海に投棄して、離礁に成功したのであった。そしてエンデヴァーは近くの海岸まで移動し、船体を横倒しにして

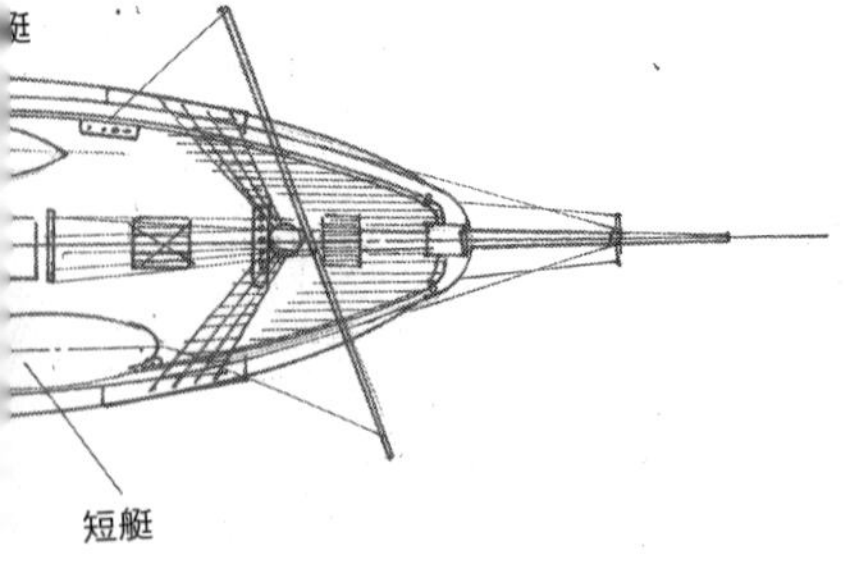
短艇

エンデヴァー

艦底の修理を展開したのである。この不屈の努力が実を結び、エンデヴァーは再び航海可能な状態に復したのであった。

クック艦長はその後も艦を進め、オーストラリア大陸沿岸の調査を続行し、大陸北岸に位置する現在のトレス海峡（ニューギニア島との間の狭い海峡）を通り、修理完了三ヵ月後の十一月九日にオランダ領ジャワ島のバタビアに到着したのである。

なお、余談ながら、オーストラリアと深い関わりのあるクック艦長の生家が、オーストラリアのメルボルン市内のフィッツロイ公園にイギリスから移築され公開されている。小さな家であるが、寝室に置かれたベッドからは彼の身長が　六五センチ程度と推測され、ジェームズ・クックが意外に身長の低い人物であったことが分かる。

エンデヴァーはこの地で船体の完全な修理を行ない、一七七一年七月十一日に出発港のプリマスに帰還したのである。二年一一ヵ月の苦難の航海であった。

この航海で乗組員の約三分の一にあたる三六名が途中の生鮮食料品の欠乏から壊血病を発症し死亡している。しかしこの試練の反省から、クックは続く第二回、第三回の探検航海では壊血病予防策としての食料ザウアークラウト（長期にわたりビタミンCが保存される酢と塩で漬けたキャベツの漬物）を積み込み、壊血病による犠牲者数を劇的に減らしたのであった。

エンデヴァーが離礁の際に投棄したバラスト（鉄塊）の大半は拾い上げられ再び船に積み込まれたが、一部は近年になって回収され、座礁位置に近いブリスベーン市の海事博物館に展示されている。筆者は二〇年前に同博物館でこのバラストを見たが、大きな感動を覚えたことを今も記憶している。

7 レゾリューション（RESOLUTION）

キャプテンクック第二、三回目の航海の探検船

本艦はジェームズ・クックの第二回目と三回目の探検航海に際し、指揮を執った艦である。第一回目の航海では乗船していたエンデヴァーはオーストラリアのグレートバリアリーフで座礁、現地での応急修理の後に任務を果たして帰国している。その後の探検では一回目の反省から二隻で航海を行なうことになったのである。そして二隻目の船名はその名もアドヴェンチャー（ADVENTURE）であった。

レゾリューションは一七七〇年に建造された貨物船で、これを海軍が購入して部分的な改造を行なって探検船としたのであった。本艦は全長三三・七メートル、全幅一一メートル、排水量四六二トン、三本マストの帆船で、僚船のアドヴェンチャーは一回り小型で排水量三三六トンであった。

レゾリューションは探検航海を前にして様々な改造が施されたが、搭載された装備には注目すべきものがあった。まずは海水淡水化装置、浄水器が含まれていたのである。そして一回目の航海の反省から、壊血病の予防対策としてザウアークラウト（酢漬けキャベツ）が大量に積み込まれたのであった。さらに本艦は艦艇として扱われており、先込式七センチ砲一

二門が装備されていた。

第二回目の探検航海の目的は、航海には絶対的に必要な最新型のクロノメーター（天体観測により自船の位置を測定する装置）について、世界各地点での精度確認を実施することと新しい陸地の発見であった。

一七七二年七月十三日、二隻はプリマスを出発し測量を行ないながら一路大西洋を南下した。そして一七七三年一月十七日に人類として初めて南極圏に突入したのだ。この航海の目的の一つに南極に大陸が存在するか否かの確認があったが、南極大陸直前の位置で悪天候に見舞われ、ここで一行は引き返したのである。このためにクックは南極大陸は存在しないものとして、後に報告している。そしてタヒチ、ニューカレドニア、ニュージーランドなどを巡って、一七七五年七月三十日にプリマスに帰還した。

イギリス海軍省は一七七六年にクックに対し、レゾリューションによる第三回目の探検航海を命じたのである。目的は北極海を抜ける大西洋と太平洋をつなぐ航路の発見と開発であった。

余談であるが、この時代の航海は長期間にわたることが多い。この場合の乗組員の食料はいかなるものであったのか興味が持たれる。記録によると大量のジャガイモ、ニンジンなどの根菜類、小麦粉、塩、砂糖、油はもとより、長期保存のきく大量の固焼き塩味のビスケット、大量の塩漬けの豚肉、牛肉、羊肉などの樽を船底の倉庫に貯蔵していた。さらに甲板上に鶏、羊、豚などを大量の餌とともに乗せて生鮮食料としていた。また南太平洋方面の航海

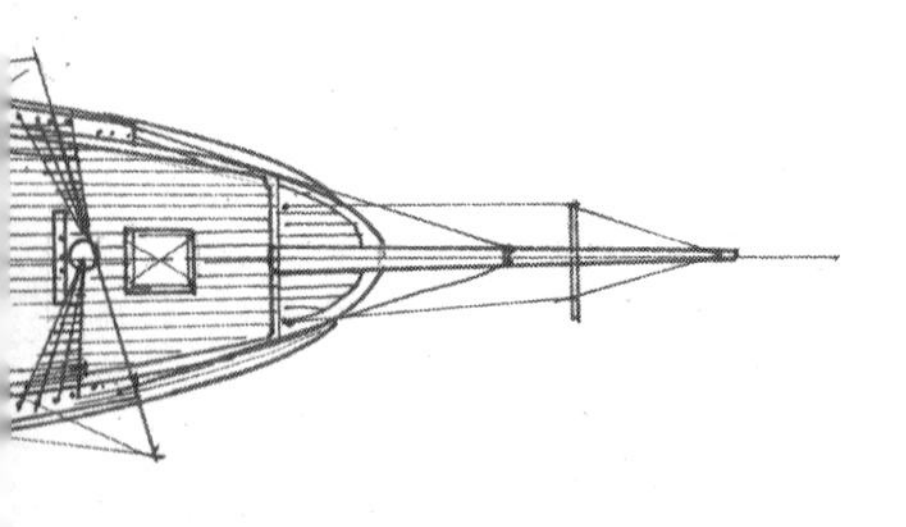

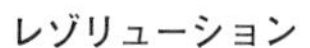
レゾリューション

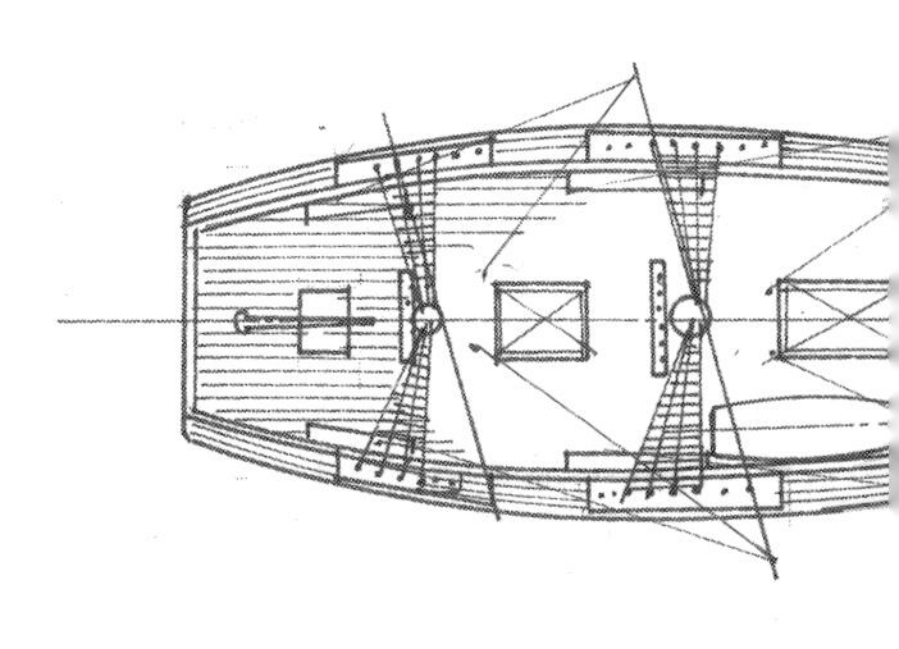

では大量のヤシの実を積み込み、果肉（コプラ）を貯蔵の利く食料として補給したことが記録されている。寄港地では可能な限りの食材を搭載していたのである。

新鮮な食料の不足による壊血病の発生は長期航海の最大の敵であった。クックは二回目の航海のときに大量のザウアークラウトを積み込み、壊血病にある程度の効果があることを証明し、さらにその後、ライムジュースの効果を確認することにより、壊血病は死の病ではなくなっていったのである。

第三回目の探検航海にレゾリューションは一七七六年七月十二日にプリマスを出港した。本艦は一路大西洋を南下し、南アメリカ大陸南端を経出して太平洋に向かい、太平洋を北上しながらベーリング海峡へ向かった。その途上でハワイ諸島を発見し、これを「サンドイッチ諸島」と命名している。

レゾリューションはベーリング海峡に達したが、冬季間であったために結氷に阻まれ北極海への進入はできなかった。一行は南下して発見していたサンドイッチ諸島に立ち寄り、待機することになった。しかしこの間に指揮官のクックが原住民により殺害されるという事件が発生したのである。一行はチャールズ・クラークの指揮のもとに一旦帰国することになったのである。

この帰国の途上、レゾリューションは日本列島の沖合を航行しており、航海日誌には遠く富士山が望まれたことが記載されているのである。

レゾリューションは出港四年後の一七八〇年九月三十日に帰国し、長期の探検航海を終えている。その後、レゾリューションは武装輸送船に改装され、一七八一年にインドへ向かったが、途中フランス海岸沖でフランス軍艦に拿捕され、後の記録は残されていない。

8 サヴァンナ（SAVANNAH）

蒸気機関付き帆船として大西洋を横断

サヴァンナは木造帆船であるが、初期の蒸気機関を搭載した一種の「蒸気帆船」である。本船は一八一八年にニューヨークのサムエル・フィケット&ウイリアム・クロケット造船所で建造された。

サヴァンナの基本型は総トン数三二〇トン、全長三二・二メートル、全幅七・九メートルの三本マストのシップ型帆船である。そして本船にはごく初期の蒸気機関が装備され、駆動装置は外輪となっていた。ただこの外輪は後に登場する水車のような外輪船とは異なり、極めて簡便な構造となっていた。

本船の蒸気機関は単衝程（一サイクル）機関で、シリンダーの直径は一〇センチ、ストロークは一五〇センチで、出力は七五馬力であった。単衝程で一本の回転軸を回すのであるが、その両側には扇のように折りたためるパドルが配置され、蒸気機関を使用しない場合にはパドルを折りたたんで甲板に収容する構造となっていた。そしてこのパドルも後の外輪のように深く水をかくのではなく、水面に近い部分をかき回す程度で、弱馬力の機関とともに大きな推進力を得ることは困難であった。それでも試験航行では速力八ノットを出すことができたとされている。ただし燃料の石炭の搭載量は七五トンで、とうてい長距離の動力航行は不可能であった。

サヴァンナは一八一八年末に完成すると、ただちにニューヨーク港で試験航行が実施された。その結果、動力航行は可能であると判断され、早速試験航海が行なわれたのである。

試験航海はニューヨークから南に約一四〇〇キロの位置にあるジョージア州サヴァンナまでであった。一八一九年三月二十八日、本船はサヴァンナに向かい出港した。この間はすべて帆走と動力の併用航行で、全行程を八日と一五時間かけて無事に走破した。この間の動力航行は延べ四一時間三〇分であった。これはフルトンの蒸気船以来の蒸気動力の航行試験であったのだ。

一八一九年五月二十四日、サヴァンナはイギリスに向けての処女航海のためサヴァンナを出発した。このとき乗客二二名の定員に対し実際に乗りこんだ人は誰もいなかったのであった。途中蒸気航行するという宣伝によって、人々は不安で乗船を拒否したのである。

サヴァンナは航海中に動力航行を行なったが、目的地のリバプールに到着したのは出発後二七日の六月二十日であった。この航海の大半は帆走航海で、蒸気機関だけによる大西洋横断の記録を得ることはできなかったのである。

リバプールに到着後、本船はデモンストレーションの意味もありバルト海に向かい、スウェーデンのストックホルム、ロシアのクロンシュタット、デンマークのコペンハーゲンに寄港し、十一月三十日にサヴァンナに帰着したのである。

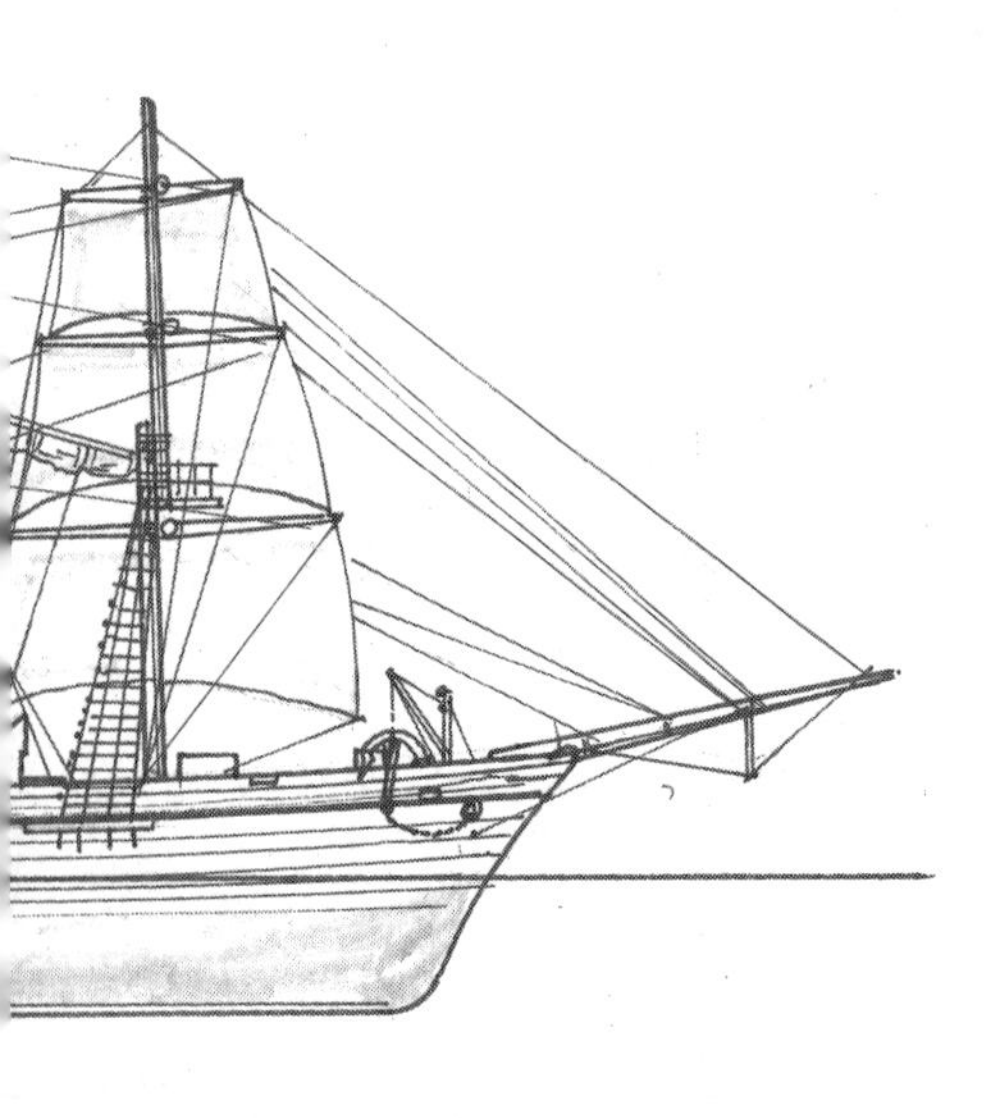

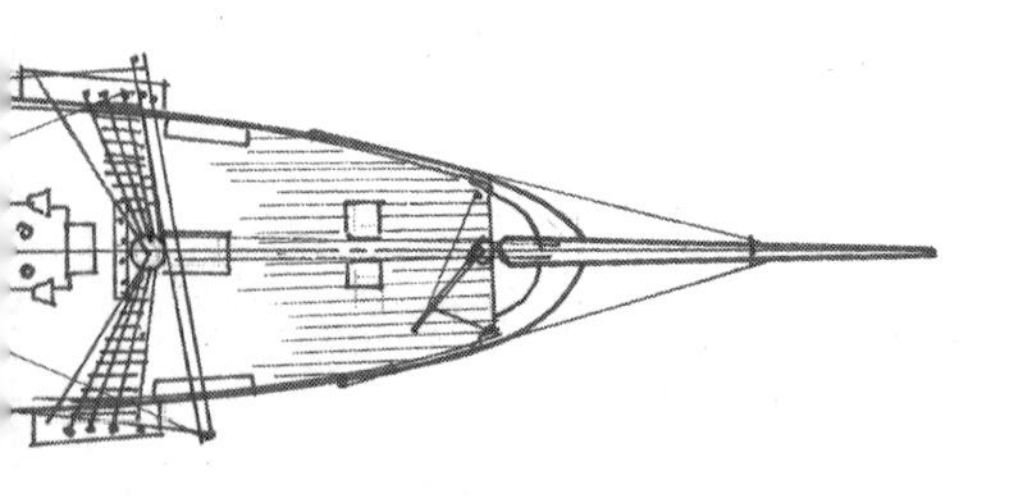

サヴァンナ

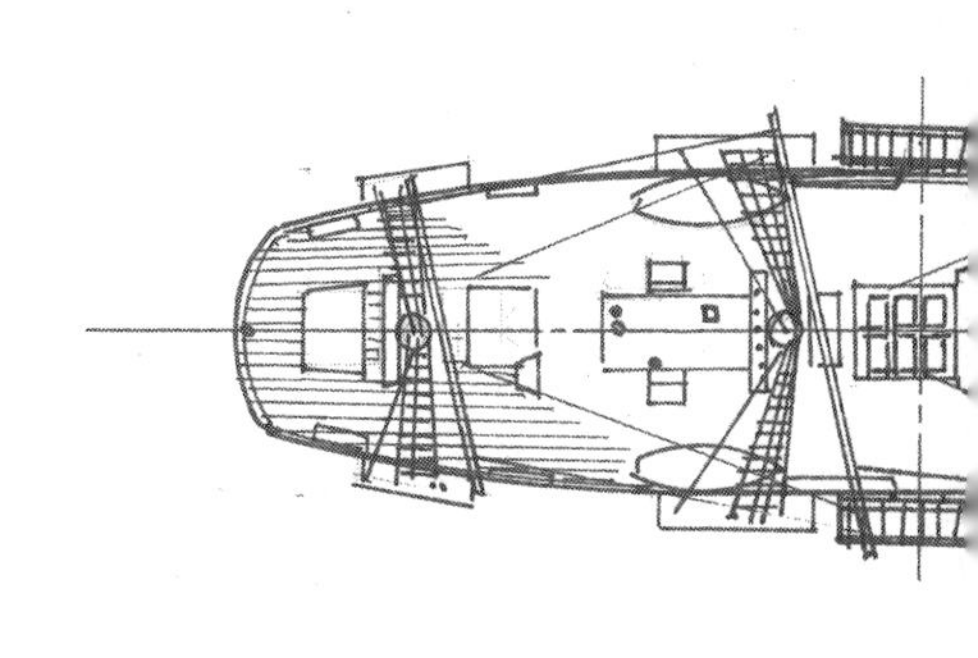

以後サヴァンナは大西洋を横断することはなく、蒸気機関を撤去し帆装貨物船としてアメリカ東部沿岸で貨物輸送に従事していたが、一八二一年にニューヨーク近傍のロングアイランド沖で座礁し沈没した。

本船は一時、蒸気機関で大西洋を横断した最初の船として紹介されたことがあったが、それは事実に反するもので、蒸気機関駆動で初めて大西洋を横断した船は後に紹介するシリウスなのである。

9 ビーグル（BEAGLE）

ダーウィンの進化論の基礎を築いた帆船

「進化論」で有名なイギリスのチャールズ・ダーウィンが同理論を構想したきっかけは、本艦による太平洋航海の途中で立ち寄ったガラパゴス諸島での動物の観察によるものである。

ガラパゴス諸島は陸地から隔絶した地点にあり、多くの島から成り立っている。ダーウィンはビーグルがこのガラパゴス諸島に立ち寄ったとき、彼が訪れた同諸島の各島に生息する同種のフィンチという鳥が、それぞれの島の環境に適合した独自の進化をとげていることにヒントを得て、後に生物の「進化論」を表わしたのである。

そのいきさつについては彼が著したビーグルでの航海の様子を有名な『ビーグル号航海記』に記されている。

ビーグルはこの出来事があったために、後の時代にその名が知られるようになったのである。ビーグルはイギリス海軍のチェロキー級スループ（一種の哨戒艦）で、その形態は二本横帆マストのブリック型帆船であった。

そして探検に先立ち、推進力と直進性の改善のために艦尾にさらに一本のマストを設け、三本マストのシップ型帆船に改造されている。

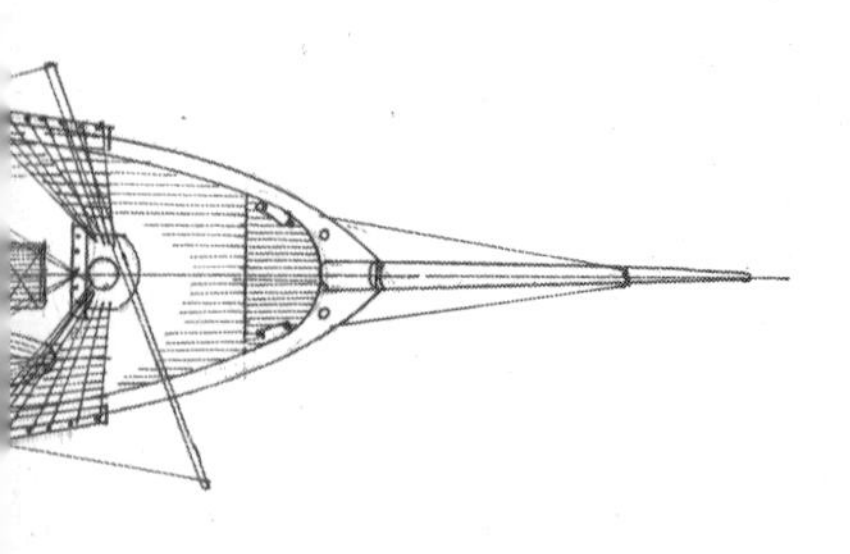

ビーグル

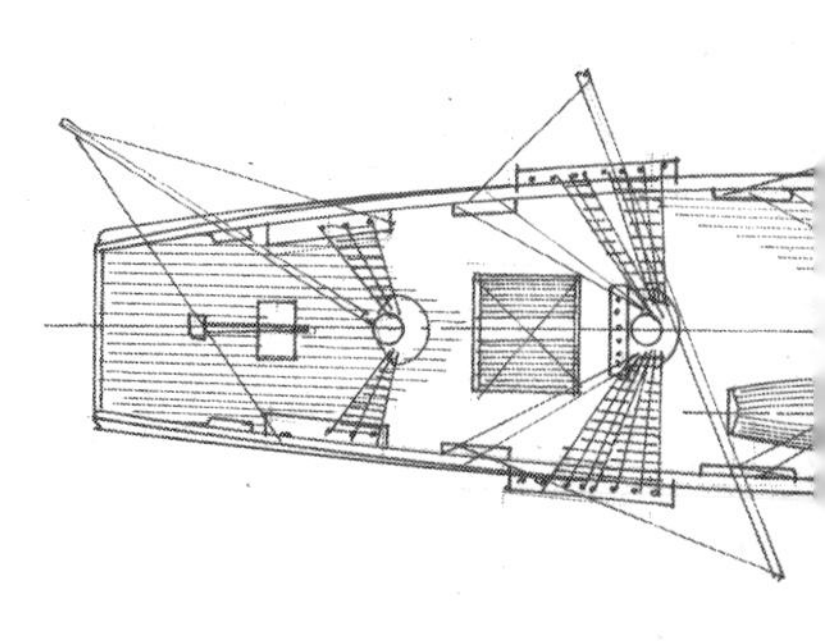

ビーグルの規模は総トン数二三五トン、全長二七・五メートル、全幅七・五メートルとなっていた。乗組員は艦長以下便乗者を含めて七四名であった。建造は一八二〇年五月であるが、艦名のビーグルとは野ウサギ猟に使われる猟犬ビーグルにちなむものである。

本艦は三回の探検航海を行なっているが、第一回目は一八二六年から一八三〇年にかけてで、探検の主目的は南アメリカ大陸周辺、とくに大陸南端のパタゴニア地方およびフェゴ諸島周辺海域の水路調査であった。この航海の中途から探検の総指揮はロバート・フィッツロイに交代している。

第二回目の探検航海の主な目的は南アメリカ大陸沿岸の調査および測量、さらに周辺海域の調査であった。このとき本艦にチャールズ・ダーウィンが乗艦したのである。この航海の総行程は約四万キロに達し、それはイギリス、ヴェルデ諸島、ブラジル沿岸、アルゼンチン沿岸、フェゴ諸島、チリ沿岸、ペルー沿岸、エクアドル沿岸、ガラパゴス諸島、ニュージーランド周辺、オーストラリア大陸沿岸、アフリカ南端沿岸、ブラジル、イギリスとなっていた。

本艦は各地域や海域での測量を実施し、詳細な海図の作成資料を収集したのである。そして乗艦していたダーウィンたち博物学者一行は各地の動植物の観察や資料の収集を行なっている。

ビーグルの第三回目の探検航海は一八三九年から一八四三年の間に行なわれ、このときはオーストラリアとニュージーランド沿岸、周辺海域の詳細な測量と調査であった。

ビーグルは第三回探検終了後、一八四五年に沿岸警備艦となり、主にイギリス沿岸での密輸監視に携わったが、一八七〇年に老朽化のために廃艦となった。本艦は艦齢五〇年という長寿の木造艦であった。

10 シリウス（SIRIUS）

蒸気機関の力だけで初めて大西洋を横断

シリウスは大西洋の全行程を蒸気機関による力だけで横断した世界最初の船である。しかし、この輝かしい記録を持つ本船は、なぜか影の薄い存在の船であった。

シリウスは一八三七年にイギリスのセント・ジョージ蒸気船会社が、ロンドンとアイルランドのコークとを結ぶ航路用に建造した「蒸気機関による推進力」を持つ船であった。ロンドンとコーク間は約一一〇〇キロで、イギリス海峡を西に進み、グレートブリテン島の南西に突き出たコーンウォール半島の先端のシリー諸島の沖を通過した後、セント・ジョージ海峡入口に面したアイルランドのコークにいたるのである。

シリウスの基本構造は二本マストのブリガンチン式帆船（前部マストは横帆装備、後部マストは縦帆の二本マスト帆船）であるが、船体中央部には最大出力六四〇馬力の二段衝程式レシプロ機関（高圧蒸気で一段目のピストンを駆動し、高圧ピストンを作動させた圧力の下がった蒸気で次の低圧用ピストンを駆動させる蒸気機関）を搭載していた。そして船体中央部の両舷に直径七・三メートルの外輪が装備され、これを蒸気機関で回転し推進力としていたのである。本船は帆を降ろして蒸気機関だけで航行する場合の最高速力は八ノット（時速約一五キロ）とされていた。

このシリウスの蒸気機関には当時最新の機能が付加されていた。それは蒸気機関で発生した蒸気をふたたび水にもどす復水器（サムエル式復水器）で、機関に障害を発生しやすい海水ではなく、搭載した真水を蒸気発生のために繰り返し使えるという装置であった。本船の石炭搭載量は四五〇トンで真水は二〇トンを積載していた。

当時、大西洋航路に帆船と蒸気機関付き帆船を運航していたブリティッシュ＆アメリカ蒸気船会社は、最新型の蒸気船ブリティッシュ・クイーンを建造中であったが、完成が遅れていた。その間にイギリスの新進気鋭の船舶設計者であるイザムバード・K・ブルネルが設計し、彼個人が経営する会社が運航する蒸気機関付き帆船グレート・ウエスタン（GREAT WESTERN、総トン数一三二〇トン）が、近々のうちに蒸気動力だけで大西洋横断航海に出発するという情報を得たのである。

ブリティッシュ＆アメリカ蒸気船会社は、「蒸気機関だけで大西洋を横断する」という名誉を獲得しようと、セント・ジョージ蒸気船会社で新造したばかりの蒸気機関付き帆船シリウスをチャーターし、取るものもとりあえずただちにニューヨークに向けて大西洋横断航海に出発させたのである。同社は「蒸気機関だけで大西洋を横断した初めての船を運航した会社」というビッグタイトルを獲得し、将来の海運会社としての地位を築こうとしたのであった。

シリウスは一八三八年四月四日、アイルランドのコークを出港し、ニューヨークに向かっ

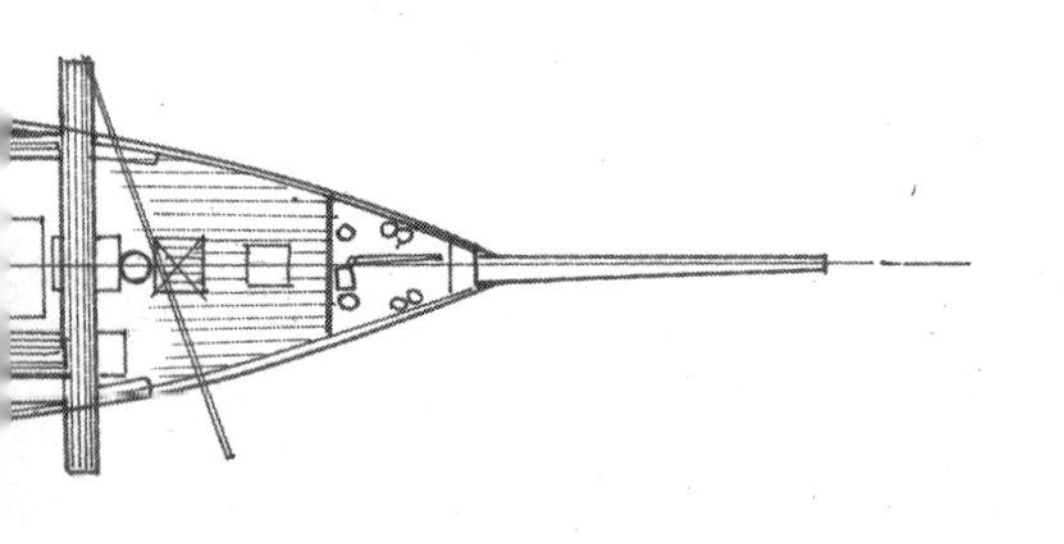

シリウス

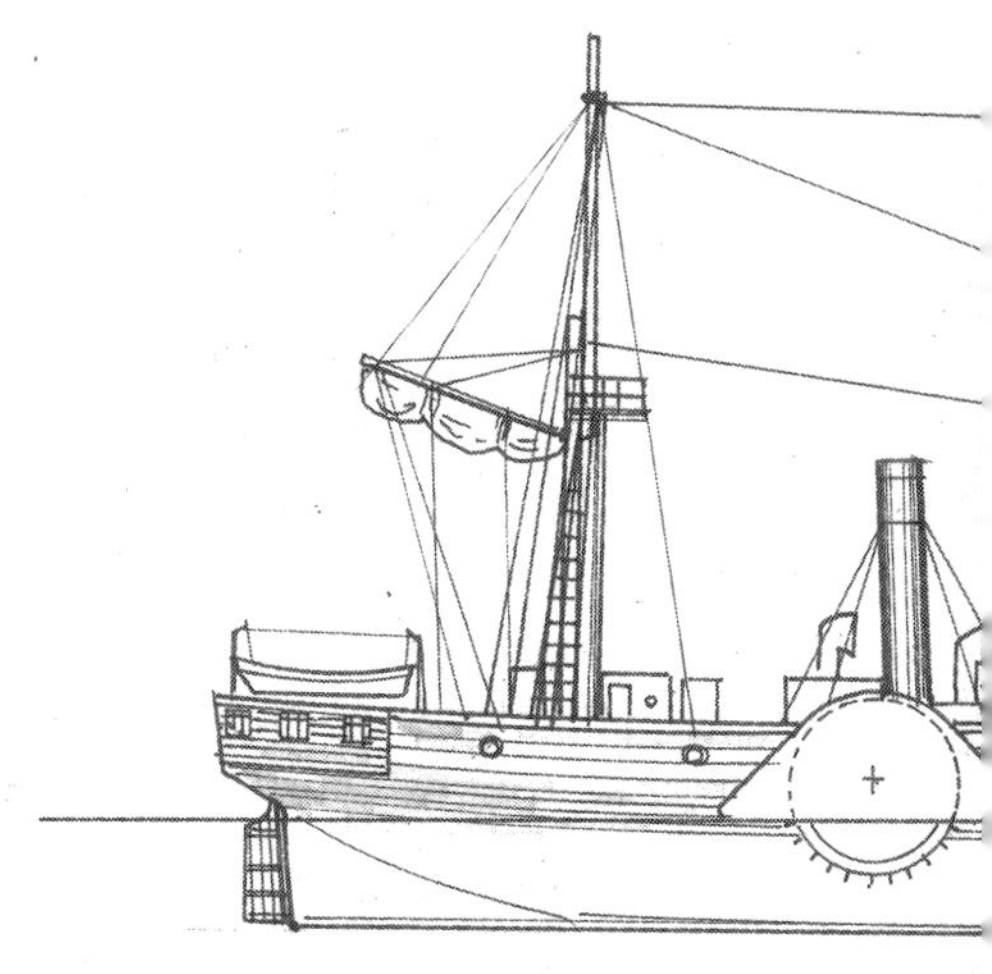

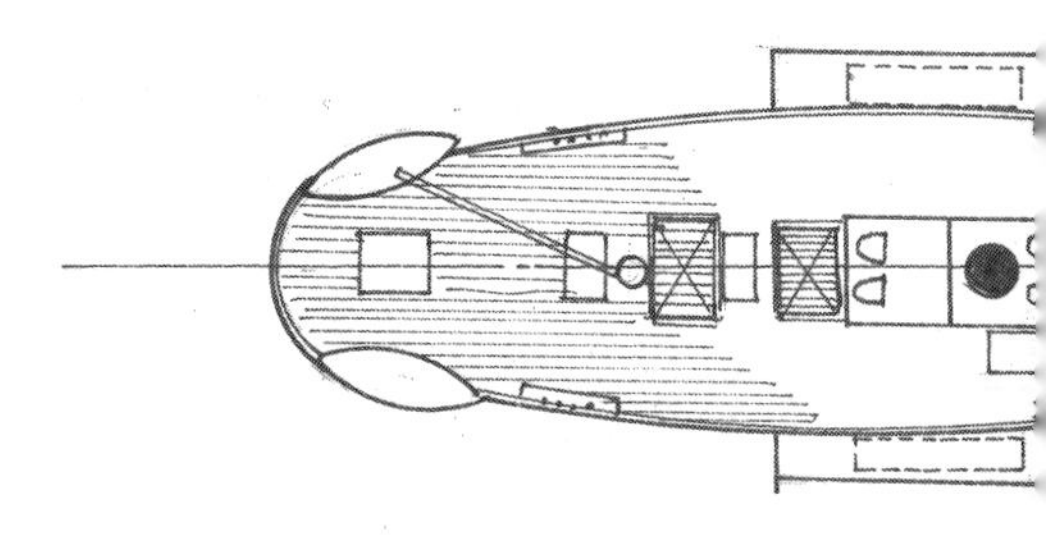

た。このとき会社は船長に対し、「全行程を蒸気機関だけで航行せよ」と厳命していたのである。そしてシリウスにはアメリカにわたる定員一杯の四〇名の乗客が乗船していた。

シリウスは出港から一八日後の四月二十二日にニューヨークに到着した。所要時間は一八日と一四時間二二分であった。シリウスは間違いなく大西洋航路の全行程を蒸気機関だけで走破した最初の船というタイトルを獲得したのである。この間の平均速力は六・七ノット（時速一二・四キロ）であった。

しかしこの航海の裏でシリウスでは必死の努力が払われていたのであった。シリウスに搭載されていた満載の石炭は航海半ばを過ぎたころには底をついていたのだ。そこで船長は船内のあらゆる燃焼物を缶に投げ込み、ひたすら蒸気発生を続けたのである。甲板に準備されていた予備のマスト、帆桁、甲板板、船室の不要な壁板、そして最後には最低限の数を残してテーブルや家具、椅子まで罐に放り込まれた。ほぼ燃焼物が尽きかけた頃、満身創痍の姿でシリウスはニューヨークに到着したのであった。

噂のグレート・ウエスタンはシリウスがコークを出港した四日後の四月八日にイギリスのブリストルを出港し、全行程を蒸気機関駆動だけで大西洋を走破し、シリウスが到着した翌日の四月二十三日にニューヨークに到着したのである。この間の所要時間は一五日と一〇時間三〇分であった。そしてグレート・ウエスタンの石炭庫には、まだ二〇〇トンの石炭が残っていたのであった。

大西洋を蒸気動力だけで走破した記録はいずれの船にあたえられるか。軍配はグレート・

ウエスタンに上がったのである。大西洋横断の記録は、その所要時間が重要視されていたのである。グレート・ウエスタンの一五日一〇時間三〇分は大西洋横断最短時間として認定された。このときの本船の平均速力は八・七ノット（時速約一六キロ）である。結局このときの驚異の横断時間が大々的に評価され、シリウスの「最初に蒸気機関だけで大西洋を横断した船」というタイトルは影の薄い存在となってしまったのである。

その後、船による大西洋横断の速度記録競争は一八九〇年代頃から激烈となり、国家の威信をかけたものに発展し、その勝利者には「ブルーリボン」という栄冠が与えられることになった。しかしこの栄冠はあくまでも名誉タイトルであり、トロフィーも賞状も存在しないのである。

ヨーロッパ海運国間でくりひろげられたブルーリボン獲得競争は一九三七年まで続き、その時点での最終的なタイトル保持者はイギリスのキュナード・ライン社の八万総トンの巨船クイーン・メリーであった。本船の平均速力は約三二ノットという超高速で、大西洋横断の所要時間は四日間に短縮されていたのである。

11 サスケハナ（SUSQUEHANNA）

日本開国に現われた不思議な名前の蒸気船

幕末の一八五三年七月八日（嘉永六年六月三日）の夕刻、三浦半島先端にある浦賀湾沖に突然、見慣れない四隻の大型船が現われた。後世に伝えられる黒船の来航である。その船はいずれも当時の日本最大の商船である千石船や二千石船よりははるかに大きかった。さらにその中の二隻は他の二隻より大きく、しかも船全体が黒色に塗られ不気味さを増していたのである。

これらの船はすべて三本マストの帆船であるが、その中の大型の二隻の両舷側にはそれまでの日本人が見たこともない不思議な半円形の構造物が突き出していた。しかもこの二隻の船の上甲板の中央付近からはマストとは違う一本の大きな筒状のものが突き出し、その先端からは黒い煙が噴き出していたのである。

この巨船の三本マストの帆はすべて帆桁に巻き上げられているのに、船は進んでいるのである。帆も張らずに動き、黒い煙を吐く、この不気味な黒色の巨船に、海岸に集まった多くの住民たちが恐れおののくのは当然であった。

江戸末期頃の日本の周辺の海には時折、巨大な帆船が現われることはあったが、このような不気味で怪異な巨船を住民が見るのは初めてのことであった。

なぜ、このとき来航した船が黒く塗られていたのであろうか。答えは簡単であったのだ。この時代の船はすべて木造で、木造船の大敵であるフナクイムシ対策や木材の劣化を予防するために船の表面にタールを塗ることがはやり出したのである。とくにアメリカの木造船では盛んにタール塗装が行なわれていたのである。しかもこの黒色塗装は蒸気機関推進の船にとっては吐き出す煤煙による船体の汚れ対策にも効果があり、タール塗装がすすめられていたのであった。

このとき浦賀に来航した二隻の大型蒸気船は帆走・機走いずれも可能なアメリカ海軍最新のフリゲート艦だったのである。一隻は旗艦のサスケハナ、もう一隻はミシシッピであり、その他により小型の帆装スループ艦のプリマスとサラトガが随伴していた。

この四隻は日本派遣の目的で特別編成されたアメリカ・インド洋艦隊の分遣隊であった。この分遣隊の指揮官はマシュー・G・ペリーであった。彼は後に「ペリー提督」と呼ばれているが、実際の彼の階級は海軍少将以上に与えられる呼称の「提督」ではなく、最上級の海軍大佐に特別任務の際に冠せられる代理の指揮官「海軍代将」だったのである（したがって彼をペリー提督と呼称するのは本来は間違いなのである）。

このときペリーは分遣隊の旗艦であるサスケハナに乗船していた。本艦は排水量三八二〇トンという当時の日本の船から見れば驚異的な巨船であった。本艦の武装は強力で口径二二五センチの最新式のダールグレン砲三門、口径一二センチのダールグレン砲六門を搭載してい

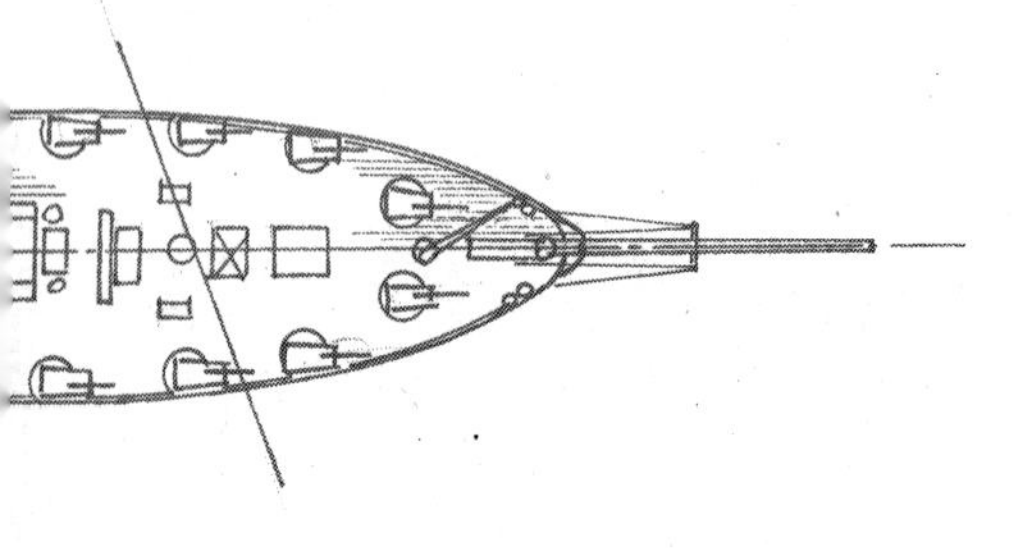

サスケハナ

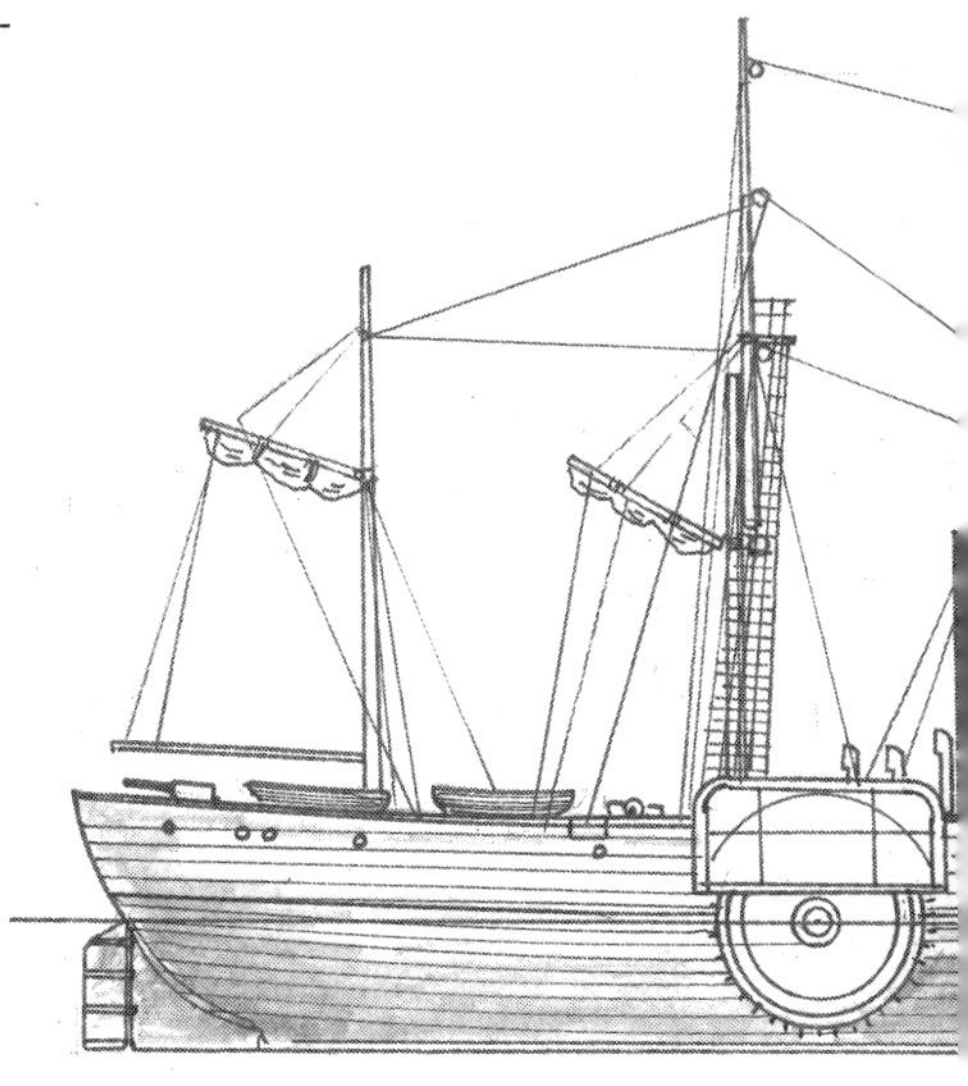

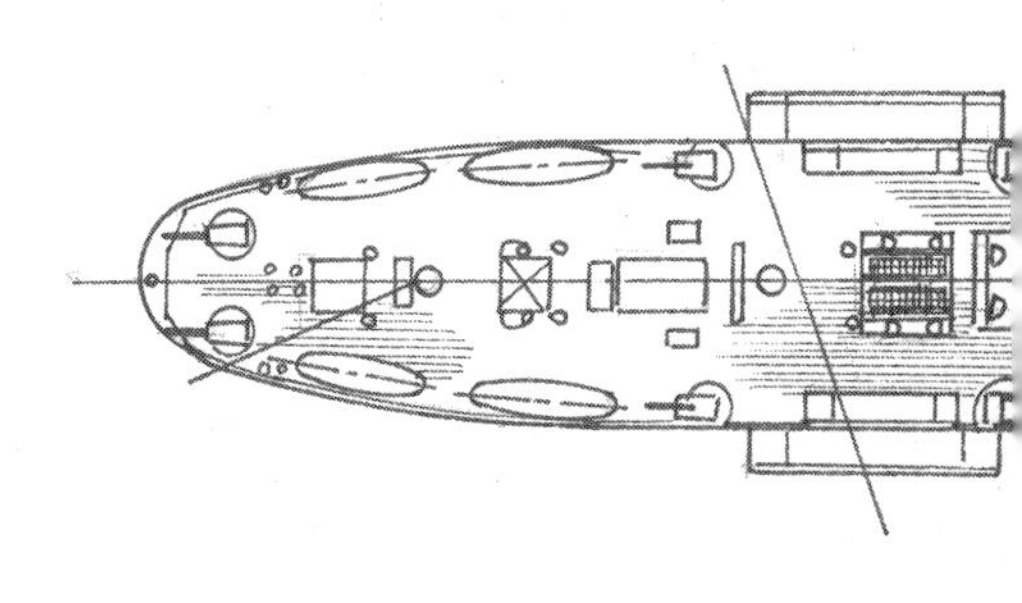

た。これらの砲の威力は強力で、当時江戸幕府が三浦半島の観音崎や房総半島の館山に配置していた口径一六センチの大砲の最大射程が五〇〇～六〇〇メートルであるのに対し、一五〇〇メートルの射程を有していたのであった。

二番艦のミシシッピも排水量三二二〇トンという大型艦で、その大きさは当時の日本最大の二千石船の一〇倍にも達したのである。

さてここでは、これら黒船の来航目的を記述するのではなく、このサスケハナという極めて奇妙な艦名について多少の説明を加えてみたい。

サスケハナとは、何とも奇妙な艦名である。聞き方によっては日本語にも受け取れるのだ。本艦が来航したとき、同艦に乗艦して通訳の役目を果たした幕府の通詞は、本当に艦名をサスケハナと聞いたのであろうか。その答えはいずれとも言い難いのである。

本艦の正式な艦名は「SUSQUEHANNA」である。日本語で発音を書けば「ススクエハンナ」となるのだ。つまり通訳はこのススクエハンナが日本語的にサスケハナと聞こえたのである。とくに語尾の「HANNA」は英語発音では「ハナ」に近い発音となるために、通詞にはススクエハンナの発音がサスケハナと聞こえても仕方がないのである。つまりサスケハナと聞こえても、正しいとも間違いとも言い難いところなのである。

ところでこの「SUSQUEHANNA」とは、いったい何語なのであろうか。じつはそれはアメリカ東部に住むインディアン、ススケ族の言語なのである。

ススケ族とはアメリカ東部のペンシルバニア州を中心に広く居住していた先住民族で、そこには北から南に向かって大きな川が流れていた。彼らは川のことを「ＨＡＮＮＡ」と呼んでいた（現在ではこの川は正式にハンナ川と呼ばれている）。つまり彼らは「ススケ族の領土を流れる川」という意味でこの川を呼んでいたのである。

アメリカの大型軍艦には河川の名前が多くつけられている。たとえば第二次世界大戦中に活躍したサンガモン級の大型護衛空母サンガモン、スワニー、サンティー，シェナンゴは、すべてアメリカを流れる川の名前である。

なおペリーは浦賀に初来航の翌年の一八五四年二月十三日に、ふたたび九隻からなる戦隊を率いて来航したが、このときもサスケハナは同行している。しかしこのときの旗艦はポーハタン（ＰＯＷＨＡＴＡＮ）であった。ちなみのこの「ポーハタン」とは、一八世紀初頭のアメリカ東部一帯に定住していたインディアンの偉大な酋長の名前なのである。

さてここでサスケハナについてさらに解説を加えておきたい。

サスケハナの垂線間長（船首と船尾の吃水線位置の間の長さ。船体の全長ではない）は七六・七メートル、全幅一三・四メートルで、艦首には帆船らしく大きなバウスプリット（帆船の船首に突き出している突起物。ここに帆桁を固定して横帆を張り、推進力を高めることができる）が突き出していた。このバウスプリットを加えると船体の全長は九〇メートルに達した。

本艦の基本帆装装置はバーク式帆装装置（一番目と二番目の帆柱は横帆を装備、最後尾の帆柱には縦帆が装備される）で、最前部のフォアマストと中央のメインマストとの間には機関室が配置されている。機関は最大出力三九八馬力の二衡程レシプロ機関が装備され、この機関により両舷側中央に装備された直径九・五メートルの外輪を駆動し、機関のみによる推進が可能であった。しかし当時のボイラーの燃焼効率は悪く、大量の石炭を消費するために蒸気機関だけによる長距離航行は不可能であり、蒸気機関は戦闘時や入出港時の複雑な航行が必要なときにだけ稼働されたのである。

サスケハナの煙突の高さは上甲板から煙突先端まで八メートルあり、大変に目立つ存在であった。蒸気機関だけで航行した場合の最高速力は八ノット（時速約一五キロ）であった。

一八五八年当時のアメリカ海軍の艦艇は、無動力全帆装式の艦艇と蒸気駆動・帆走併用の艦艇が混在していた時期で、蒸気機関付きの艦艇はサスケハナやポーハタンを含めて五、六隻であった。つまりアメリカは当時の海軍の最大の戦力を誇示し、日本に開国を求めてきたのである。

12 グレート・ウエスタン（GREAT WESTERN）

わずかな早さで名声を博した大西洋横断蒸気船

グレート・ウエスタンは大西洋航路用に建造された世界初の本格的帆走蒸気船である。本船は著名な船舶設計家であるイザムバード・K・ブルネルの設計によるもので、一八三七年七月十九日に完成した。

本船の基本構造は木造で、総トン数一三二〇トン、全長六五メートル、全幅一七・六メートル、基本形状はバーク型帆船であった。船体中央部には最大出力七五〇馬力の二衝程レシプロ機関が配備され、その両舷には直径一二メートルの外輪が装備されており、ピストンの往復動を回転運動に変換し両舷の外輪を回転するようになっている。

蒸気機関は直径一・九メートル、ストローク二・一メートルのピストン二基で構成され、蒸気圧は一平方センチ当たり一一キログラムとなっていた。またボイラーの燃焼に用いられる石炭の消費量は一日に三三トンに達した。そして蒸気機関による推進時の最高速力は試験航行では九ノット（時速一六・七キロ）であった。

本船の貨物積載量は一〇〇〇トンで、旅客定員は一四八名となっている。船室は二～四名用の個室が配置され、旅客全員が着席できる食堂兼ラウンジも設けられている。

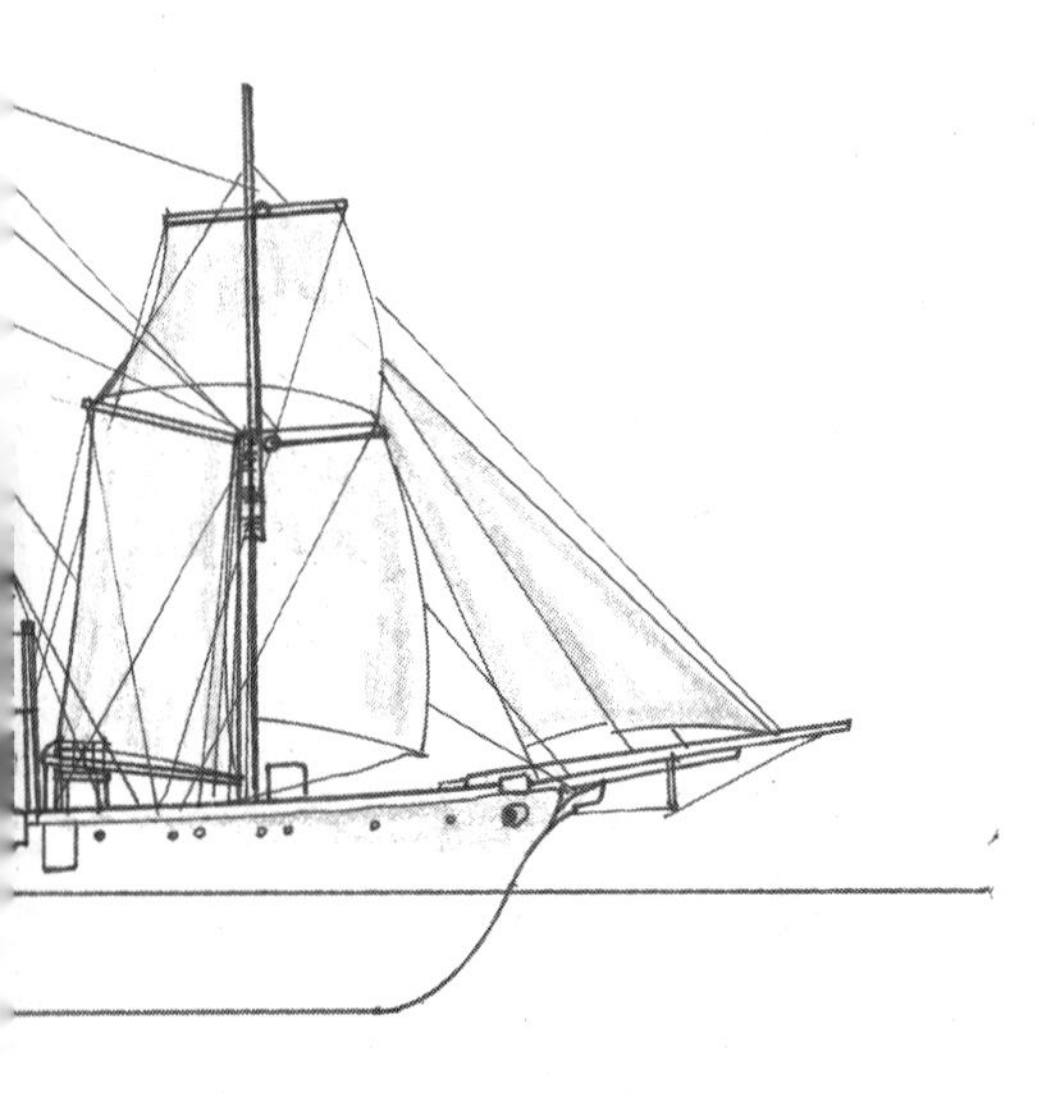

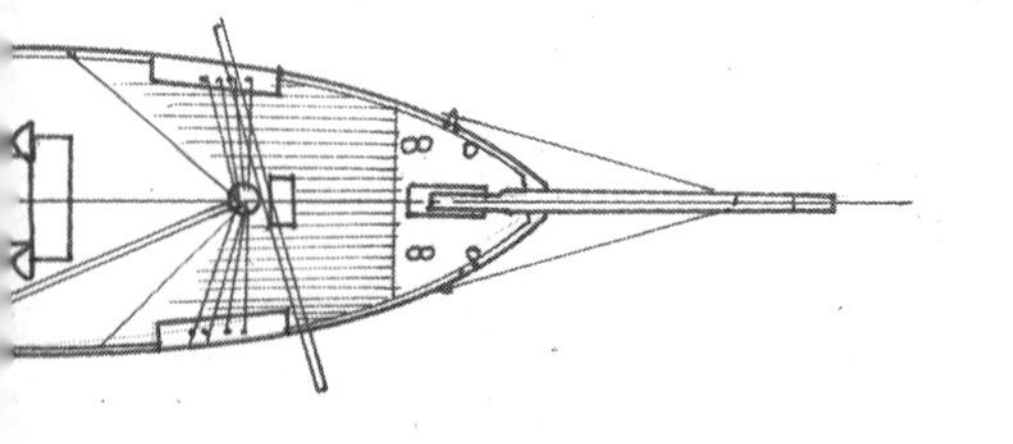

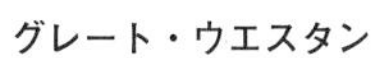
グレート・ウエスタン

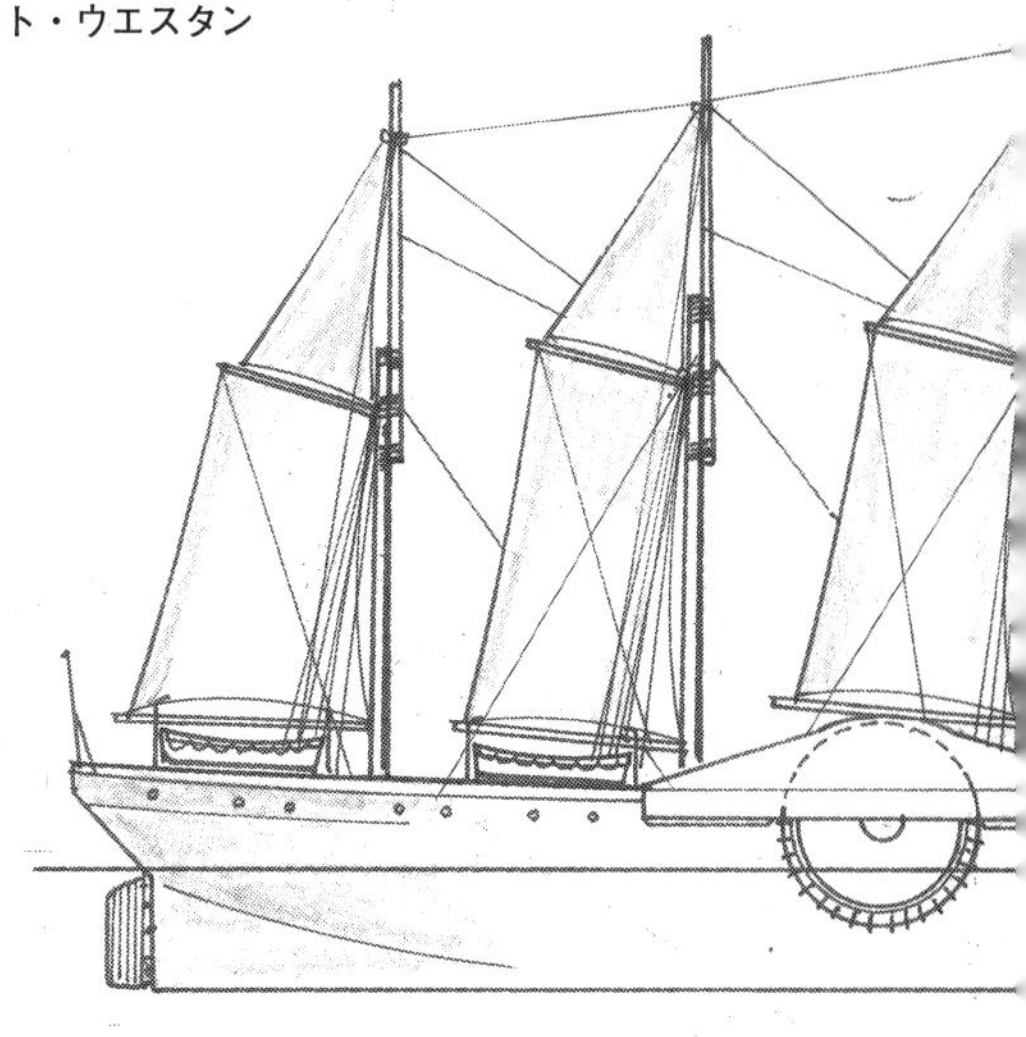

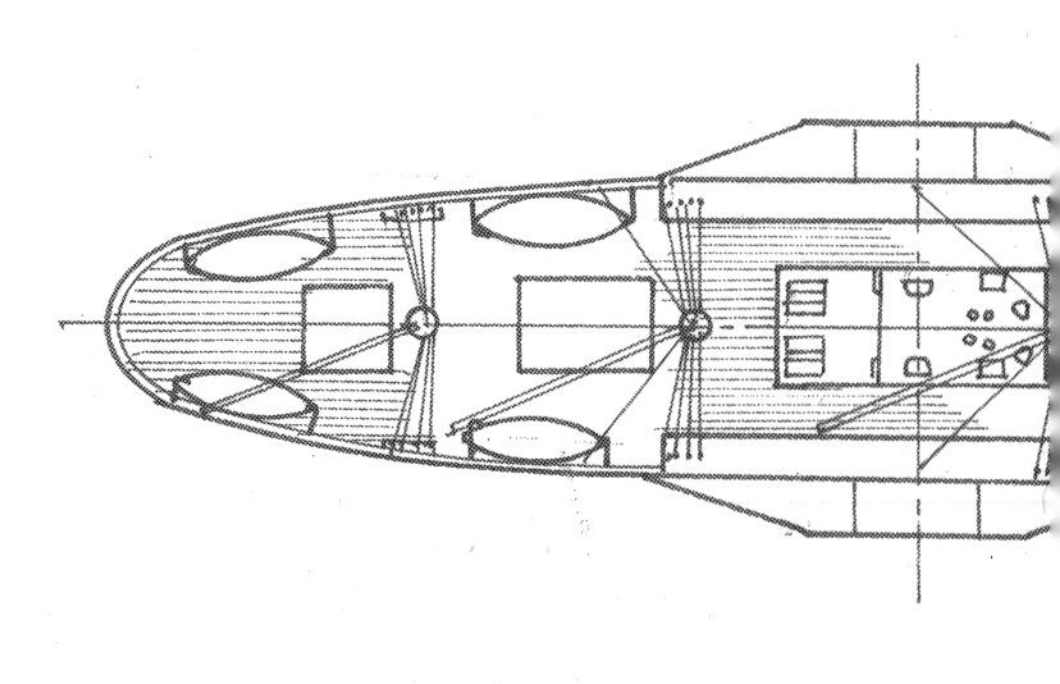

グレート・ウエスタンは一八三八年四月八日、イギリスのブリストル港を出港しアメリカへ向かった。すでに蒸気機関を搭載した帆船シリウスが四月四日にニューヨークへ向けて出港していたのである。

グレート・ウエスタンはニューヨークまでの全行程を蒸気機関駆動で走破し、シリウスよりも先にニューヨークに到着し、「世界で初めて蒸気機関で大西洋を走破した船」のタイトルを得たかったのである。

シリウスは四月二十二日午後十時にニューヨークに到着した。所要時間は一八日と一四時間二二分であった。そしてグレート・ウエスタンは翌日二十三日の朝にニューヨークに到着した。所要時間は一五日と一〇時間三〇分であった。

両船ともに大西洋の全行程を蒸気機関だけの力で航行したのであるが、大西洋初の蒸気機関横断の栄冠は確かにシリウスが獲得したが、その輝きは精彩を欠いたのである。世間の関心は、いかに速く大西洋を横断したかに注がれ、シリウスより航海時間が短く、全行程を平均速力八・七ノットで横断したグレート・ウエスタンへの賞賛の声が大きかった。このために後に大西洋横断の速度記録の栄冠ともなるブルーリボン第一号は、グレート・ウエスタンの頭上に輝いたのである。

シリウスは船舶の歴史上では最初の機走による大西洋横断船のタイトルは獲得したが、ブルーリボンの名声は大きく、後々も大西洋を最初に蒸気機関で横断した船はグレート・ウエスタンであるという間違った情報が一般化してしまったのであった。

グレート・ウエスタンはその後もイギリスとアメリカ間の航路に就航し、建造八年後の一八四六年までに合計六八回の大西洋往復横断を記録している。

本船は一八五三年に勃発したクリミア戦争では兵員輸送船として国に徴用され活躍し、その後は周辺諸国間との貨客輸送に運用されていたが、一八五六年に解体された。本船の船齢はわずか一九年で、これは当時の帆船としては極めて短命である。

13 「咸臨丸」

往路は全員船酔い、帰路は無我夢中の航海

「咸臨丸」という名前はほとんどの日本人が知っている。しかし「咸臨丸」がどのような船であったのか、また何の目的でアメリカまで航海したのか、となると多くの人々は答えに詰まるに違いない。

江戸幕府は一八五三年（嘉永六年）の黒船来航に大きな衝撃を受け、近代的な商船や軍艦の整備に力を入れる決意をかためた。しかし当面の課題は防衛の上からも近代的海軍力、つまりは最新式の軍艦の整備とその乗組員の育成に力を注ぐことであると判断したのであった。「咸臨丸」はその第一段階として、近い将来の海軍や商船隊の中心ともなるべき乗組員の育成のための練習船として、幕府がオランダに対し建造を依頼した軍艦兼練習艦（船）だったのである。

本艦の完成は一八五七年（安政四年）三月で、オランダから日本への回航はオランダ人の手によって行なわれた。

日本に回航された「咸臨丸」は、ただちに当時長崎に開校されたばかりの幕府直轄の長崎海軍伝習所の練習船となった。しかし当初はこの艦を扱うことができる日本人はおらず、航

海術の初歩から船の構造にいたるまで基礎知識のすべてをオランダ海軍軍人や造船技術者に学ばねばならなかったのである。

「咸臨丸」の基本構造は三本マストのバーク型帆船（船首側の一番目と二番目のマストは横帆で、三本目のマストは縦帆）で、基準排水量六二〇トン、甲板長四八・八メートル、甲板最大幅八・七メートルで比較的細身の船体であった。つまり規模としては武装を施せばスループ艦（フリゲート艦より小型の艦）程度の能力を持つ艦であった。

本艦は蒸気機関を装備していた。つまり基本形式は蒸気動力付き帆船である。そしてその推進方式は外輪によるものではなく、最新式のスクリュー推進方式を採用していた。つまり「咸臨丸」は同じ時代のアメリカの軍艦サスケハナやポーハタンより進化した推進方式を用いた船であったのだ。

しかし「咸臨丸」に搭載されていた機関の最大出力はわずかに一〇〇馬力で、船体の規模に対しその機関出力は微力に過ぎ、好条件下でもその最高速力は六ノット（時速約一一キロ）に過ぎなかった。

オランダ人教官による「咸臨丸」を使った操船の訓練は続けられ、操船術や航海術もしだいに伝習生に理解され、やがて本艦も日本人伝習生による航行が可能になっていったのである。

この頃、幕府が所有していた近代的な船（蒸気機関駆動式帆船）には、一八五八年にイギリスから寄贈された、三本マストのスクーナー式（すべてのマストが縦帆式の帆船）蒸気駆

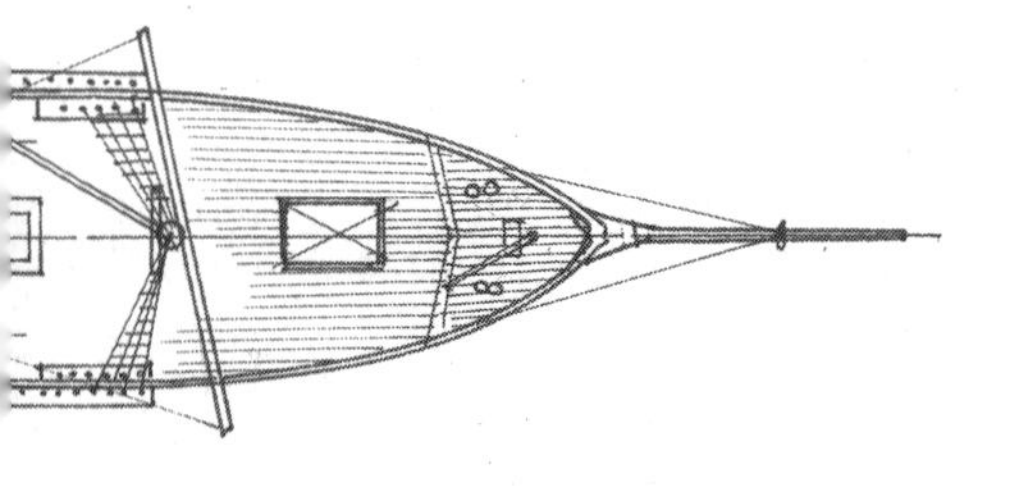

咸臨丸

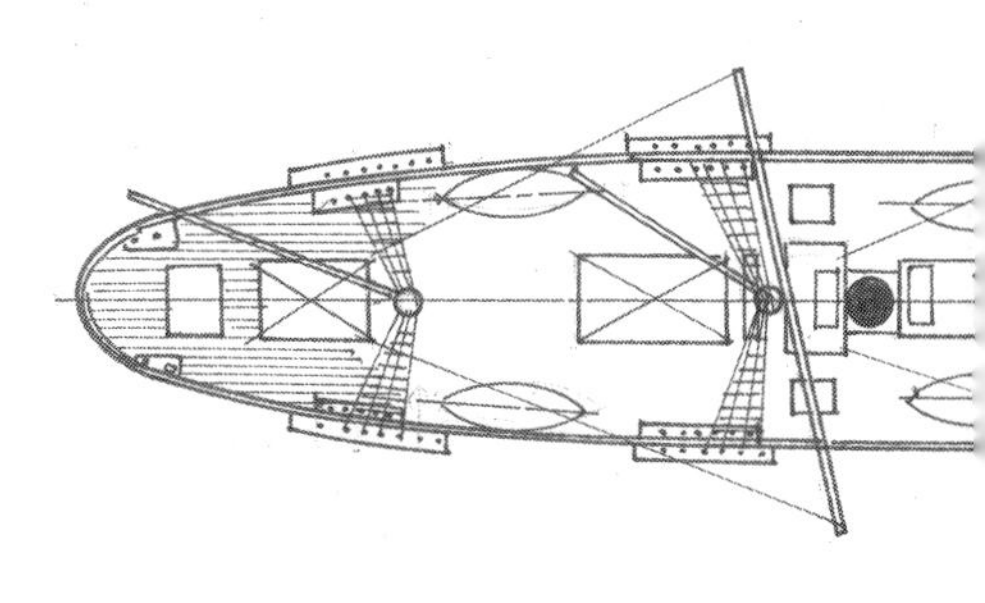

動式帆船「蟠龍」（基準排水量三七〇トン）と、一八五五年にオランダから寄贈された三本マストの蒸気機関装備のバーク式帆船「観光丸」（基準排水量七八〇トン）があった。この二隻はいずれも外輪式駆動方式の船であったが、同じく長崎海軍伝習所で練習船として運用されていた。

これら三隻については写真は残されていない。ただ「咸臨丸」と「蟠龍」については当時の日本人が描いた絵が残されている。また「観光丸」についてはオランダで製作された精巧な模型が保存されている。

なお当時の日本にはこの三隻以外にも、薩摩藩、水戸藩、仙台藩と幕府が独自に外国に建造を依頼した三〇〇～五〇〇トン規模の洋式帆船（無機関）が存在していた。

さて「咸臨丸」について最も知られていることは、日本国所有の船として初めてアメリカに向けて正式に太平洋を横断した船であることだ。

一八六〇年（万延元年）一月十三日（旧暦）、幕府は日米修好通商条約批准のために外国奉行である新見豊前守以下八〇名の使節団をアメリカに遣わした。これら派遣団は全員がアメリカのフリゲート艦ポーハタンに乗り込むことになり、その護衛として軍艦一隻を随伴させることになった。その軍艦に指定されたのが「咸臨丸」だったのである。

浦賀で事前の整備を受けた「咸臨丸」は、ポーハタンとともに横浜（当時は砂浜海岸）を出港した。このとき「咸臨丸」の護衛隊司令官として軍艦奉行である木村摂津守が乗り込み、船将（艦長）に勝海舟が指名され、以下乗組員九〇名が乗り込んだのであった。ただしこのとき木村摂津守の助言があり、万一の事態に備えてポーハタンの乗組員であるブルック海軍大尉以下一一名も「咸臨丸」に乗艦することになったのである。

出港後の二隻は連日の荒天にも見まわれ、ポーハタンは船体の一部を破損し途中でハワイのホノルルに寄港し修理を行なっている。

「咸臨丸」はこのときただ一隻で航海を続け、出港三四日後の二月二十二日に無事にサンフランシスコに到着している。しかしこの間の航海の大半はブルック大尉以下のアメリカ海軍乗組員の助力で可能となったのである。艦長の勝海舟をはじめほとんどの乗組員は船酔いに悩まされ、任務を遂行することができなかったのであった。木村摂津守の洞察力に感謝しなければならないのである。

使節団と乗組員たちはサンフランシスコ市民の歓迎をうけた。その後、ワシントンへ向かう使節団と別れた乗組員一行は「咸臨丸」に乗り込み三月十九日にサンフランシスコを出港、途中ホノルルに帰港した後の五月五日に無事に浦賀に帰国したのであった。

帰途の航海は日本人だけによる初めての遠洋航海であった。往路で船酔いに苦しみながらもブルック大尉の指導で伝授された天測方法、操帆術あるいは操舵術や機関の運転術の習得が役立ったのである。

その後の「咸臨丸」は幕末の混乱の中で翻弄される運命にあった。搭載されていた機関は不調のために撤去され、全帆装で運用されていた。

一八六八年（慶応四年）四月、幕臣の榎本武揚（幕府海軍副総裁）の指揮下、「咸臨丸」

は幕府所有の軍艦七隻に随伴し北海道に向けて江戸湾を出港したのである。このときの「咸臨丸」は軍用物資を輸送する輸送艦の任務であった。しかし艦隊が江戸湾を出たところで荒天に見まわれ、四分五裂の状態となった。各艦はとりあえず北海道をめざして進むことになった。このとき「咸臨丸」はマスト二本が折れ、方向の違う駿河の清水湾にかろうじて逃げ込んだのであった。

しかし修理も進まない間に「咸臨丸」は官軍の艦艇の攻撃を受け、乗組員の大半は無残な最期をとげているのである。そしてその後の「咸臨丸」の動向については不明のところが多い。一八七〇年（明治三年）に船体は修復され、新政府の大蔵省の所管となった。その翌年に旧仙台藩の士族たち四〇〇名を乗せて北海道に向かったが、北海道松前半島の木古内付近の海岸で座礁、船体は全損に帰したと記録されている。

現在、木古内町には「咸臨丸」の終焉の碑、モニュメント、引き揚げられた大きな錨などが展示されている。

14 ミシシッピの河船（MISSISSIPPI STEAMBOATS）

人と荷物を大量に積み込んで水車で上り下り

ミシシッピ川は北アメリカ大陸の中央を分断するように北から南に向かって流れる大河である。この川の源流はアメリカ合衆国北部のミネソタ州で、ここから真南に下りメキシコ湾に注ぎ込む世界第四位の長さの大河なのだ。その総延長は三七七九キロに達する。ミシシッピ川は全長一〇〇〇キロ以上もの大きな支流も多く、テネシー川、オハイオ川、アーカンソー川などがある。

このミシシッピ川は北アメリカに鉄道が敷設される以前の時代から、大陸の南北を結ぶ重要な交通路となっており、鉄道が敷設された後もその役割は変わらなかった。とくに船の動力として蒸気機関が出現すると早速、この川を航行する河船の機関に採用されたのである。南から北へ川の流れに逆らって通行するための最良の手段となったのである。

ミシシッピ川を航行する蒸気機関搭載の船はしだいに大型化していった。運ばれる物の種類や量が激増したからである。それと同時に人々の移動手段としても重要な役割を果たすことになったのであった。

輸送される物資はミシシッピ川周辺で栽培される綿花、小麦、トウモロコシなどの農産物が大半を占め、これらは上流から下流に向けて送られ、河口付近のニューオーリンズなど周辺の工業地帯で綿製品製造の原料となった。さらにニューオーリンズはアメリカ東部地域への食糧輸送の拠点基地ともなったのである。

ミシシッピ川の河船は、当初から蒸気動力で外輪を回転させて動く外輪船として発達したが、その原型は一八一一年に誕生したとされている。その構造は両舷側に装備された外輪を駆動するものと、船尾に外輪を装備する方式が生まれていたが、推進効率や装置の簡便さから両舷外輪方式がその後、圧倒的に多く採用されるようになっていた。

ミシシッピ川の蒸気動力河船は一八一〇年代には二〇隻程度しか存在しなかったが、その後爆発的に急増し、一八三〇年代終わりころには大小じつに一〇〇〇隻を超えるまでに普及したのである。

ミシシッピ川の河船には大きな特徴があった。それは川幅は広いが水深が浅いために、船体の吃水は大型船でも一・五メートル程度であった。乾舷（水面から上甲板までの高さ）はせいぜい五〇センチほどで、甲板はまさに水面すれすれの状態となっていた。しかし海とちがって大きな波もないためにこれで十分だったのである。

最大級の河船でもその規模は総トン数七〇〇トン程度で、全長七九メートル、全幅一三メートル、深さ（上甲板から船底までの長さ）二・一メートル、吃水一・五メートルであった。またこれら河船はほとんどが同じような形状をしていた。一般的な外観は甲板二層で、上甲板は船体中央部が船底に達する機関室と機関駆動装置室、石炭庫となっており、船体の前

ミシシッピ河の蒸気船

後は大容量の貨物収容庫（一部下級船員居室）で、その上の甲板が客室である。客室甲板も中央部には機械室や煙突通路があり、甲板の前後が客室で一部は広い食堂やラウンジとなっている。客室甲板の上はオープンデッキで、その中央には高級乗組員室と船橋が配置されていた。乗客の収容数は大型船では定員三〇〇名から四〇〇名であった。

そして甲板中央部のやや両舷側寄りにはそれぞれ一本ずつの高さ一〇メートルに達する煙突が聳えているのである。この煙突こそ、ミシシッピ河船のシンボルともいえる存在であった。主機関は蒸気圧一〇乃至一一キログラムの二衡程レシプロ機関一基で、両舷側の外輪を駆動していたのである。なお乗組員の大半はボイラー担当者で、甲板要員と合わせほぼすべてが黒人であった。

これらの河船は貨客船であったが一部には貨物専用の船もあった。貨物の搭載は上甲板に積めるだけの荷物を積むという方法である。綿花の袋などは波がないために転覆の心配もなく、舷側からあふれんばかりに積み込まれ、まるで巨大な綿花の塊が流れているような状景が眺められたのである。

南北戦争中にはこれら河船は武装モニター船に改造され、上甲板上に低い傾斜の付いた装甲を張り巡らし、大砲を搭載し、沿岸の敵を砲撃する任務を行なっていた。これらモニター船は南軍に限らず北軍でも運用した記録がある。

河船は輸送・交通手段として極めて効果的に運用されていたが、一方では事故とは切り離せない歴史もあった。事故のほぼすべてはボイラー（缶）の爆発であった。とくに蒸気機関が誕生した初期から中期にかけての一八三〇年から一八五〇年頃にはボイラー爆発事故が多発し、多くの犠牲者を出していたのである。一八〇〇年代中頃の約四〇年間に合計五〇〇隻でボイラー爆発事故が発生し、犠牲者の累計は四〇〇〇人を超えるほどであった。

その爆発の原因はボイラー工作の未熟、不良であった。当時のボイラーは強度の弱い軟鉄をハンマーで叩きあげて曲面加工し、これをリベット打ちしてボイラーを造り上げるのである。しかし、工作、加工精度に均一性がなく、高圧に耐えられない部分が破裂しボイラー爆発となるのである。

ミシシッピ河船のボイラー爆発の中でも最悪の事件が一八六五年四月二十七日に発生した。この船は総トン数一六六〇トンのサルターナ（ＳＵＬＴＡＮＡ）で、ミシシッピ川中流のメンフィス沖で起きた。このとき同船には南北戦争終結にともない北の故郷に向かう北軍の捕虜兵士一五〇〇名と一般乗客三六七名が乗船していたが、ボイラーの爆発は大規模で全船が粉砕、乗組員を含め乗船者一八〇〇名が犠牲となる大惨事となったのであった。これはアメリカ船舶史上、最悪の遭難事件として記録されている。

その後、動力がディーゼル機関に変更された一九世紀末頃までミシシッピ河船は存続したが、現在ではかつての河船が大型観光クルーズ船として復活し活躍している。

15 「明治丸」

「海の記念日」を作った明治天皇のお召し船

「明治丸」は一八七四年（明治七年）にイギリスのグラスゴーのネピア造船所で建造された帆船である。本船は総トン数一〇二八トン、全長六八・六メートル、全幅九・一メートル、最大出力七六五馬力の二衝程レシプロ機関二基を搭載し、二軸推進の機走式帆船であった。帆船の形態はバーク型の三本マスト（船首側の二本が横帆、三本目が縦帆）である。

本船は明治政府が明治初年より注力していた全国の洋式灯台の設置にともない、その建設のための測量や灯台の整備・保全を担当する船として建造したものであった。

「明治丸」は当時の日本を代表する優秀な船で、機走における最高速力は一一・五ノットを発揮し、当時日本に在籍していたすべての船の中でも最速の部類であった。

その名前が一躍有名になったのは、明治天皇の一八七六年の北海道・東北地方への巡行でお召し船となり、津軽海峡の渡航と北海道から東京にもどる際に本船に乗船したことであった。そして同年七月二十日に北海道から無事に横浜に帰着されたことを記念し、以後この日、七月二十日が「海の記念日」として制定されたのである。

一八九七年（明治三十年）九月、本船は東京高等商船学校（後の東京商船大学、東京海洋

明治丸

大学）に貸与され、係留練習船として操帆や船内行動実習用に使われた。そして一九〇一年には隅田川下流の越中島校内に係留されることになったのである。
　一九五四年（昭和二十九年）、「明治丸」は老朽化のために帆船実習訓練船としての役目を終え、その後、国の重要有形文化財に指定されている。本船は現在、海事啓発活動の柱となる「明治丸海事ミュージアム事業」の中心的存在となっている。

16 タービニア（TURBINIA）

デモンストレーションの極致を示した快速艇

本船は世界で最初に蒸気タービン機関により実動された船である。そのときの状況は、当時（一八九七年）としては途方もない驚異的な速力を出した船の出現に、船舶関係者を驚愕の渦に巻き込んだのである。しかも、その場面はたしかな「事件」でもあった。

このときこの船が出した速力は三四・二ノット（時速六三・三キロ）で、当時の主流であった蒸気機関（レシプロ機関）ではとうてい不可能なスピードだったのである。当時の最強力のレシプロ機関を搭載した船でも、その最高速力は一〇ノットを多少上回るのが限界であった。まさに恐るべき速力を発揮したのである。

この蒸気タービン機関を搭載した船は排水量が四四・五トン、全長三一・六メートル、全幅二・七メートルという小型であるが、その縦横比率はじつに一一・七という極細となっていた。超高速力を生み出すには理想的な船体となっていたのである。狭い船体内部には三段軸流式の蒸気タービン機関が配置され、タービンの回転はギヤにより三分割されて、三本のスクリューシャフトを回転する仕組みであった。

この船は蒸気タービン機関の優秀性を実際に証明することを目的に造られた快速艇であっ

たのだ。つまり「蒸気タービン・ピーアール用の船」で、小型の船の内部は蒸気タービン機関で埋め尽くされており、甲板上には操舵室と煙突が配置されているに過ぎなかった。搭載されたタービン機関はイギリス人のチャールズ・Ａ・パーソンズが発明、開発したものであった。

彼は一八八四年に蒸気タービン機関の特許を取得すると、ニューカッスルに蒸気タービン機関を製造するための会社と工場を設立した。蒸気タービン機関が発明された頃の船の動力は、蒸気圧によりピストンを作動させるレシプロ機関が全盛期に入る頃であった。レシプロ機関は構造が単純であるが、頑丈で信頼性は高く、取り扱いが容易で製造コストも比較的廉価であったために、船用機関として極めて実用性が高かったのである。一方のタービン機関に対する認知度は開発直後の時期でもあり極めて低いもので、これを船用機関として採用する気風はまだ育っていなかった。またタービン機関がレシプロ機関より格段に高出力が得られるという認識もなかったのである。

パーソンズは船用機関としてのタービン機関の優秀性を船舶関係者に証明する機会を思案していた。そして効果的に、しかも劇的に表わす一つの手段を思いついたのである。彼は一八九四年にデモンストレーション用の小型艇タービニアを建造したのだ。そしてそれを奇想天外な手法で披露しようとしたのである。

一八九七年は当時のイギリスの女王であるヴィクトリアの在位六〇年となる年であった。この年の六月二十六日に、それを記念して海軍の観艦式が盛大に展開されることになったの

タービニア

である。

舞台はイギリス海軍本国艦隊の基地であるポーツマス軍港近傍のスピッドヘッド沖であった。この観艦式にはヴィクトリア女王をはじめ、すべての皇族が乗艦したお召し艦とともにイギリス海軍の主力艦艇一六五隻が整列した。

このとき盛大な観艦式の艦列の間を、突然、見たこともない小型の船が、見たこともない猛スピードで駆け抜けたのである。この怪艇はくり返し猛烈なスピードで艦列の間を通り過ぎると、雲を霞と何処かに消えていったのであった。

お召し艦の甲板上に勢ぞろいしていたヴィクトリア女王、皇族一行、海軍大臣や海軍首脳部のお歴々、さらに各艦の乗組員一同は、この猛スピードのタービニアをただあっけに取られて見ていたのである。警備艇はこの怪艇を取り押さえようとしたが、とても追いつく相手ではなかった。

怪艇タービニアが何物であるかはその後すぐに判

明したが、イギリス海軍はこの高速艇に多大な興味をそそられたのである。タービン機関の優秀性は実証され、海軍はこの新しい舶用機関の実用性の検討に入ったのである。

この事件から二年後の一八九九年に、イギリス海軍はタービン機関を搭載した二隻の駆逐艦を建造したのだ。二隻はヴァイパー（VIPER）とコブラ（COBRA）で、ともに基準排水量四三〇トンで、最大出力六三〇〇馬力の蒸気タービン機関が搭載されていた。四軸推進のこの二隻の駆逐艦はそれまでの最高速力二〇ノット代に対し、じつに三六・八七ノット（時速約六八キロ）という猛烈なスピードを発揮したのである。レシプロ機関では出せない速力であった。

民間でもこの新しい蒸気タービン機関に対する採用実施の意向が急速に高まり、一九〇一年にスコットランドのクライド川を航行する総トン数五〇二トンの連絡船キング・エドワード（KING EDWARD）に、民間船として初めて蒸気タービン機関が搭載されたのであった。

その後、蒸気タービン機関はイギリス海軍の主力艦の主機関として続々と採用され、さらに大型客船の主機関としても急速に用いられていくのである。その先鞭となったのが戦艦ドレッドノートであったことはよく知られている。

17 「信濃丸」

完全勝利の発端となった『敵艦ミユ』を発信

「信濃丸」の名は日露戦争の日本海海戦に先立ち、対馬海峡で哨戒中の本艦が北上してくるロシアのバルチック艦隊を発見し、『敵艦ミユ』の第一報を連合艦隊に通報したとしてあまりにも有名である。

「信濃丸」は一九〇〇年（明治三十三年）四月にイギリスのデヴィッド・ウイリアム・ヘンダーソン造船所で竣工した。本船は日本郵船社がシアトル航路用に建造した貨客船で、総トン数六三八八トン、全長一四〇メートル、全幅一五メートル、主機関はレシプロ機関二基で合計出力は五一四四馬力、二軸推進で最高速力は一五・四ノットを発揮した。旅客定員は一等二六名、二等二〇名、三等一九二名の合計二三八名となっていた。三等船客が多いのはカナダへの移民の日本人および中国人旅客であった。貨物の積載能力は六七四〇トンであった。

本船はカナダ航路に就航五年後の一九〇五年に日本海軍に徴用され、特設巡洋艦として任務につくことになった。本艦の任務は日本周辺海域の哨戒で、ロシア艦艇の発見にあったのである。

特設巡洋艦「信濃丸」の武装については明確ではないが、一二センチ単装砲一門、七セン

信濃丸

チ単装砲三門という説があるが、これは後に誕生する特設巡洋艦に比較すると武装は軽度である。

　特設巡洋艦「信濃丸」は呉鎮守府所属で、対馬海峡の哨戒が主な任務となった。一九〇五年五月上旬、ロシアバルチック艦隊の全力がはるかアフリカ大陸南端を経由し、ロシア極東艦隊の本拠地であるウラジオストックに集結するとの情報を得ており、連合艦隊は海軍の全戦力でこれを迎え撃つという、日本の将来の浮沈がかかる乾坤一擲の戦いに精力を注いでいたのであった。

　バルチック艦隊がシンガポールを出港後、その位置情報は途絶えていた。日本海軍はこの大艦隊が対馬海峡、津軽海峡、宗谷海峡のいずれの海峡を通過してウラジオストックに集結するのか判断がつきかねていた。そして最終的に、最短航路である対馬海峡通過に決定され、同海峡周辺に索敵を集中したのである。

　五月二十七日未明、哨戒中の「信濃丸」がバルチック艦隊の艦艇を発見した。通信室からはただちに連合艦隊に対し『敵艦ミユ』と打電されたのである。

　その後の状況は様々に報じられているので省略するが、バルチック艦隊に比して戦力に劣る日本海軍は、その全力でこれを待ち受け、優れた戦法と射撃精度で敵艦艇を撃破。撃沈二一隻、拿捕・武装解除一四隻というほぼ全滅となる奇蹟的な完勝へつなげたのである。そして「信濃丸」は一躍武勲艦として、その名を知られるようになったのだ。

「信濃丸」はまもなく徴用を解除され、ふたたびシアトル航路に復帰している。その後、神戸と台湾の基隆間の定期航路に就航していたが、この間の一九一三年（大正二年）に中国の孫文が本船に乗船し、日本に亡命するという事件が起きている。

船齢二〇年に達した「信濃丸」は一九二〇年に他社へ売却され、貨客船として就役していたが、一九三〇年（昭和五年）に日魯漁業社に売却され、北洋のカニ漁や鮭鱒漁母船に改装されて長く活躍した。太平洋戦争終戦直後から本船は樺太やシベリアからの引揚者輸送に従事したが、老朽化が激しく、一九五一年（昭和二十六年）に惜しまれつつ解体された。「信濃丸」はその功績にふさわしく船齢五一年という長寿の船であった。

18 プロイセン（PREUSSEN）

世界最大のドイツの横帆型帆船

本船はシップ型横帆式帆船としては世界最大の船である。ドイツのレーデライ・F・ライスツ社が所有する本船は一九〇二年五月に建造され、総トン数五〇八一トン、全長一六三メートル、全幅一六・三メートル、七〇〇〇トンの貨物の搭載が可能であった。

プロイセンの五本のマストの中で前から二番目のメインマストの高さは、甲板から六八メートルに達し、その根元の直径は九一センチもあった。当然ながらこの頃はマストも帆桁もすべて鋼製であった。

そして五本のマストにはそれぞれ六本の帆桁が配置され、帆が張られたが、三〇枚の帆の総面積は五五〇〇平方メートルに達した。

この大面積の帆を張る帆船であるが、乗組員の総数はわずかに四六名である。これは各帆の上げ下ろしや各マストの横桁の操作など、各操作用のヤード（ロープ）は人力ではなく、すべてが蒸気動力のウインチで行なえるようになっていたのである。

しかし、すでにレシプロ動力が船の主力になっている時代でありながら、なぜ時代錯誤ともいえる帆船が建造されたのであろうか。そこには確かな理由があったのである。

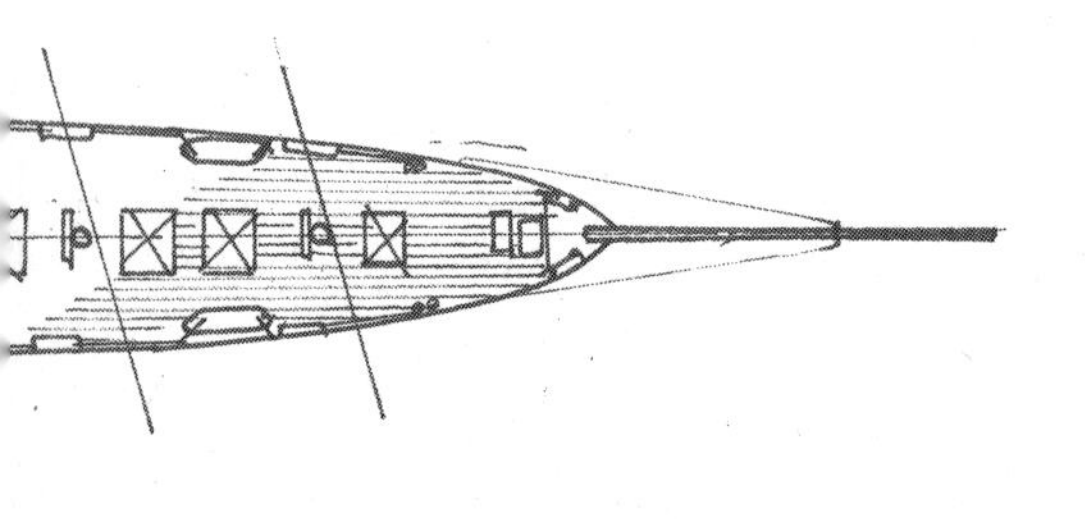

プロイセン

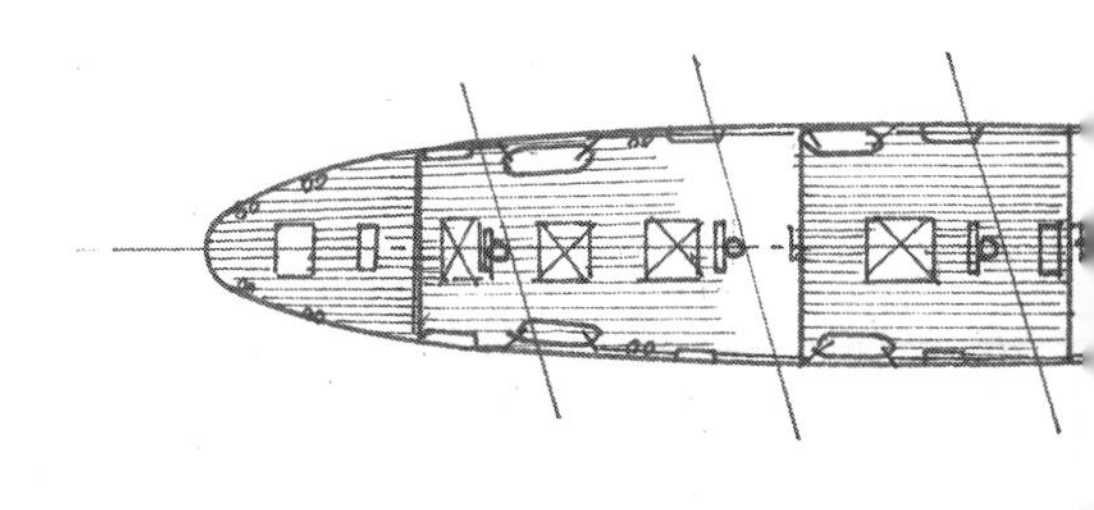

当時のレシプロ機関を動力とする貨物船と風の力で動く帆船では、いずれも平均的な航海速力は九～一〇ノット（時速約一七～一九キロ）であった。この時代は貨物輸送にはほとんど時間の制約がなく、貨物船は低速でも十分にその役割を果たせたのである。

また蒸気動力の船は機関や燃料庫などに大きな容積を必要とするが、帆船は船内の容積がすべて貨物積載用として活用できるために、同じ規模の貨物船であれば帆船の方がより多くの貨物の搭載が可能であり、船主にとっては帆船は有利な輸送・運搬手段だったのである。そのために一九〇〇年頃にはまだ多くの帆船が主に貨物船として活用されていたのである。

本船の建造の目的は南米チリからヨーロッパへ肥料用の硝石（グアノ）を輸送することであり、その時間に制約はなく、より多くの硝石を低いコストで運ぶには格好の運搬手段であった。

プロイセンはドイツのハンブルクから大西洋を一路南下し、南アメリカ南端を迂回して太平洋岸のチリのイキケまでの約一万八〇〇〇キロが航路で、この間を平均六五日で航海したのである。

単純な平均速力は六ノット（時速約一一キロ）で当時のレシプロ機関の貨物船と何ら遜色がなかったのである。本船はヨーロッパ各港とチリ間の硝石の輸送だけでも七年間に一二往復している。

一九一〇年十一月七日、一三回目の航海でドイツのハンブルク港へ向かっていたプロイセンは、濃霧のイギリス海峡を定速で航行中、突然、視界不良の中を一七ノットの高速で航行するイギリスの海峡連絡船ブライトン（ＢＲＩＧＨＴＯＮ）が、プロイセンの船体中央部右舷に衝突したのであった。プロイセンの船体はほぼ真っ二つに折れ、その後近くの海岸まで曳航されたが沈没したのである。

19 ドレッドノート（DREADNOUGHT）

世界中の戦艦を一夜にして旧式にした革新的新戦艦

イギリス海軍の戦艦ドレッドノートは一九〇六年に突如として現われた。本艦の動力は最新の船用機関であるタービン機関で、主砲はそれまでの世界の趨勢であった三〇センチ連装砲塔二基四門ではなく三〇センチ連装砲塔五基を搭載していた。その主砲の同時発射砲戦力は、既存の戦艦の三〇センチ砲弾四発に対し、八発（片舷）が可能であったのである。つまり一隻で既存の戦艦二隻分の砲戦力を備えた艦だったのである。しかもその速力は既存の艦より速かったのであった。

この新戦艦の基準排水量は一万八〇〇〇トンを上まわり、最高速力は二一ノットを超えていた。砲の配置も斬新で、三〇センチ連装砲塔三基が船体の中心線上に搭載され、両舷斉射を可能にし、さらに両舷に各一基の三〇センチ連装砲塔が搭載されていたのである。これにより片舷八門の主砲の同時射撃が可能になったのである。

ドレッドノートはまさに脅威の戦艦で、三〇センチ連装砲塔を二基搭載するすべての海軍の戦艦は一気に旧式艦となったのだ。

日本ではドレッドノートの頭文字のドを漢字の「弩」に置き換え、この艦以降の戦艦を

ドレッドノート

「弩級戦艦」と呼ぶようになった。日本海軍はその後、戦艦を「弩級戦艦」、さらにはドレッドノートを超える「超弩級戦艦」の建造をめざしたのである。各国海軍もまったく同じ状況であった。そして世界の海軍は大艦巨砲への道を進んで行くことになったのである。

20 タイタニック（TITANIC）

世紀の海難事故の原因となった巨大客船の隔壁

タイタニックは一九一二年三月三十一日に、北アイルランドのベルファストの造船所で完成したホワイト・スター・ライン社の巨大客船である。タイタニックは姉と妹が存在する三姉妹船の次女にあたる。長女はオリンピック（OLYMPIC）で、妹はブリタニック（BRITANNIC）であった。

一番船のオリンピックは前年の一九一一年に完成しており、イギリスのリバプールとニューヨーク間の定期航路に就航していたが、北大西洋の厳しい環境の中を航行する船として一部改良が必要となり、タイタニックとはプロムナードデッキの外観に違いが見られる。現在タイタニックを紹介するときに、まちがえてオリンピックの写真が混同して掲載されていることがある。

さてタイタニックは総トン数四万六三二八トン、全長二六四・四メートル、全幅二七・六メートルという巨船で、主機関には合計最大出力五万馬力の三衝程レシプロ機関が搭載され、三軸推進で最高速力二四ノットが出せた。

ホワイト・スター・ライン社はライバルのキュナード・ライン社とは客船の建造方針に明

確な違いがあった。キュナード・ライン社は大型高速船を売り物とし、旅客に対し一日でも早く大西洋が横断できることを「売り」としていたのである。一方のホワイト・スター社は大西洋の横断に半日か一日の遅れがあっても、豪華で快適な船旅を楽しんでもらうことを「売り」として船を建造していたのであった。そこには高速大型客船の建造に際しては、強力な主機関の製造には高額の投資が必要であり、それよりも豪華であっても建造費が安くつく大型船を建造した方が収益率は良いと判断していたからである。

事実このときキュナード・ライン社は最高速力二六ノットを出す二隻の三万総トン級の高速客船モーリタニアとルシタニアを配船していたのだ。

タイタニックの船内設備は一等、二等、三等、いずれも当時のライバル社の客船に比較し格段に上質であった。移民客を対象とした三等船客の客室や公室ですら上質で、他社の二等船客室や公室とくらべられる完成度であったのだ。船客定員は一等八三三名、二等六一四名、三等一〇〇六名の合計二四五三名であり、乗組員数は九四一名に達していた。

タイタニックは一九一二年四月十日、イギリスのサウザンプトン港を出港しニューヨークへの処女航海に向かった。このときの乗客は一等船客三二九名、二等船客二八五名、三等船客七一〇名の合計一三二四名、乗組員八九九名で、乗船者は合計二二二三名であった。

タイタニックは所定の航路をニューヨークに向かい二二ノットの速力で進んでいた。この日は月がなく暗夜の航海であった。四月十四日午後十一時四十分、船首マストの見張員から「前方正面に氷山発見」の急報があり、航海士はただちに舵を左に切り船を左転させたが、わずかにかわし切れず船首右舷側水面下が氷山に接触したのであった。

不沈と謳われたタイタニックは氷山衝突から約二時間後に沈没した。衝突の約二〇分後にタイタニックから救助要請信号が無電で発せられた。これを受けて救助に駆けつけた最初の船はライバル社のキュナード・ライン社の客船カルパチア（CARPATHIA）であったが、到着までに四時間が経過していたのである。その間にタイタニックは沈没していたのだ。「不沈船理論」のとおりには事が進まなかったのだ。救命艇に乗れなかった多数の乗客は船とともに海底に沈んだのである。犠牲者の総数は一五一三名であった。

ここで後に本船の基本的な問題として取り上げられた救命艇の数について、解説しておく必要がある。

本船には乗客と乗組員の総数およそ三五〇〇名に対応できる救命艇が搭載されていなかった、という問題が後々大きく取りざたされることになった。事実本船が搭載していた救命艇の数は合計一六隻だけであった。この救命艇の収容員数は最大でも八〇〇名である。なぜ乗船者数に対応する救命艇を搭載していなかったのか。この疑問には明確な事情が存在し、この理由が後々に公にされることがなかったために、救命艇問題が大きくクローズアップされ、遭難の悲劇を一層煽ることになったのであった。

オリンピック級三姉妹船を設計するに際し、設計者が主眼としたことは「本船を絶対的な不沈構造船として設計する」ことであった。つまり「不沈船」を建造することが命題であったのである。不沈構造の船とするには、船体の水面下に損傷が生じ船内に海水が侵入してき

タイタニック

たとき、「海水が船体の他の場所に侵入することを防ぐ構造にすること」が最大の対策である。この理論に基づき設計者は、船体の吃水線位置の一段上の甲板の高さまでの仕切（隔壁）を船体に数多く設置し、海水の侵入を最小限に食い止める仕組みを設計に組み込んでいたのである。

タイタニックの船体の吃水線付近は一五の隔壁で区分され、船体は一六の水密区画に区分されていたのである。そしてこの水密隔壁間の通行は設けられた水密扉を通り行なわれ、非常時にはこの扉のすべてを閉じることで、他の区画への海水の侵入を防ごうとしたのである。

また万が一、水密区画の二区画が浸水したとしても船には設計上十分な浮力があり、ただちに沈没する恐れはなかった。その間に救助船が駆けつけ乗船者を移乗することができるのである。

そのために沈没が必至となった状況であっても、乗船者の一部を救命艇で海面に一旦退避させ、救助船の到来を待てばよいのである。これが乗船者全員を収容する救命艇を搭載しなかった明確な理由だったのである。

タイタニックが沈没するに至った原因については、この不沈設計に対し想定外の事態が生じたことに始まったものと結論づけられている。この推測は沈没したタイタニックが発見され、衝突したと思われる船首付近の様子がある程度確認されたためであった。

一九八五年九月、アメリカ海軍の無人潜水調査艇アルゴ（ＡＲＧＯ）が、カナダのニューファウンドランド南方約五九五キロの水深三六五〇メートルで海底に鎮座しているタイタニックを発見したのである。このときの写真撮影と後にアメリカのウッズホール海洋研究所の深海有人探査艇による調査の結果、タイタニックの船首右舷水面下の外板の継ぎ目が長く裂けているのが確認されたのであった。

タイタニックは氷山とまともに衝突したのではなく、前方の氷山は回避したが右舷船首水面下の外板部分が氷山の水面下の突出に接触したことは分かっていた。

つまりタイタニックの船首が氷山と擦れ合ったことにより外板の継ぎ目のリベットが切断され、外板継ぎ目に二十数メートルにわたり隙間が生じ、そこから浸水が始まったと断定されたのである。

船首部の二乃至三区画での漏水はその区画を満水にし、重さにより船首が下がることにより海水の侵入は隣の水密壁の上からさらに隣の水密区画へと連鎖的に続き、ついに浮力を失い、タイタニックは船首から逆立ちするように海底に向かって沈んでいったと考えられたのである。つまり中途半端な高さの隔壁が悲劇を生んだ原因と推測されることになったのである。

三番船のブリタニックは第一次大戦中に病院船として徴用され地中海で活動していたが、ギリシャ沖で機雷に触れて沈没した。このときの爆発は船首水面付近で起き、その破口から浸水が始まり同船は船首からしだいに没していったのである。その図式はタイタニックと酷似しているのであった。

三姉妹船で唯一生き残ったオリンピックが解体されるに際し、メイン階段や一等ダイニングルームの壁面の装飾、また構造物の一部がイギリスの事業家の手により購入された。現在スコットランドの某ホテルのエントランスやダイニングルームの装飾として用いられている。

21 ヤウズ・スルタン・セリム（YAVUZ SULTAN SELIM）

二度の世界大戦を生き抜いたトルコの戦艦

第二次世界大戦中に戦艦を保有していた国は、アメリカ、イギリス、ドイツ、フランス、イタリア、日本、ソ連だけであると思われがちであるが、じつはアルゼンチン、ブラジル、チリ、そしてトルコも保有していたのである。ただしアルゼンチン、ブラジル、チリの戦艦はいずれも第一次大戦中に建造された旧式艦で、トルコの戦艦もその完成は第一次大戦まで遡らなければならないのである。

これら四ヵ国の戦艦は海軍強国の戦艦と比較すれば明らかに弱小戦艦であるが、それぞれはその国の海軍の象徴となっていたのである。またこれら四ヵ国は第二次大戦ではいずれも中立国を貫き、戦艦の出番がなかったことは幸運であったといえよう。ただこれら四ヵ国の戦艦の中で、トルコのヤウズ・スルタン・セリムはいささか変わった経歴を持ち興味がそそられるのである。

本艦は一九〇九年にドイツのブローム&フォス造船所で起工され、三年後の一九一二年にドイツ巡洋戦艦ゲーベン（GOEBEN）として完成した。ドイツは第一次大戦においてはオスマン・トルコ（後のトルコ共和国）と同盟を結び、その一環として本艦（ゲーベン）は

ヤウズ・スルタン・セリム

トルコに売却され、オスマン帝国海軍の主力艦となったのである。

しかし当時のオスマン帝国海軍には巨大な艦を動かす乗組員は育っておらず、ゲーベンはドイツ海軍将兵の乗組員ごと譲られたのである。乗組員はトルコ海軍将兵が育成されるまでトルコ国内に残ることになったのだ。

ゲーベンは満載排水量二万五四〇〇トン、全長一八六・五メートル、全幅二九・五メートル、兵装は二八センチ連装砲塔五基、一五センチ単装砲一二門を搭載する最高速力二五・五ノットの弩級戦艦であった。

ヤウズ・スルタン・セリムはドイツ人乗組員が乗艦したまま第一次大戦に参戦、黒海でロシア黒海艦隊と戦闘を交え、ロシアの黒海の要衝であるセバストポーリの砲撃などに活躍したが、ロシア海軍の攻撃で幾度かの損傷もうけている。

第一次大戦後、オスマン帝国は滅亡し新生トルコ共和国として生まれ変わったが、本艦はそのまま新生トルコ海軍の旗艦として存続することになったのである。その後、一九二六年から一九三〇年にかけて近代化工事が行なわれたが、ボイラーの改修によって機関出力が増加し、最高速力が二八ノットに増速されている。

その後、本艦の艦名は単にヤウズ（ＹＡＶＵＺ）と改められ、同時に水中防御の強化と対空火器の増備が図られている。

第二次大戦中、トルコは中立の立場であり、ヤウズが戦場に登場することはなかった。それでもこの間にさらなる対空火器の強化が図られている。戦後のトルコは一九五四年にＮＡＴＯに加盟し、ヤウズは地中海唯一の戦艦の地位にあった。しかし老朽化のために一九五四年に退役することになった。このとき西ドイツから本艦を記念艦として購入する申し出があったが、交渉はまとまらず本艦はそのまま放置されるままとなり、一九七六年に解体された。

本艦は艦齢六四年の長寿艦で、日本に残存するプレ弩級戦艦「三笠」に次ぐ古い弩級戦艦として貴重な存在であったが、惜しまれる最期となったのである。

22 サイクロプス（CYCLOPS）

いまだに解明されない、謎の失踪をとげた大型給炭艦

本艦は第一次大戦直前にアメリカ海軍が建造した七隻の大型給炭艦の一隻であるが、任務の途中の一九一八年三月、カリブ海で消息を絶ったことでその名が知られている。この事件は現在に至るまでその原因は不明のままで、世界の謎の船舶失踪事件として原因の探求が続けられている。

サイクロプスは基準排水量一万四五〇〇トン、全長一五九・一メートル、全幅一九・二メートルのレシプロ機関駆動の給炭艦で、当時のアメリカ海軍最大の艦船であった。本艦は一九一〇年五月にプロテウス級給炭艦七隻の二番艦として進水している。ちなみに三番艦のジュピター（JUPITER）は後にアメリカ海軍最初の航空母艦ラングレイ（LANGLEY）に改造されている。

一九一〇年当時のアメリカ海軍の艦艇の大半はまだ石炭専焼ボイラーを装備しており、石炭は重要な燃料であったのである。そのために石炭の拠点基地への輸送や個々の艦艇への供給は極めて重要な任務であった。

また本艦は石炭の輸送・供給以外に食料品や消耗品の輸送、さらに乗組員以外に一五〇名

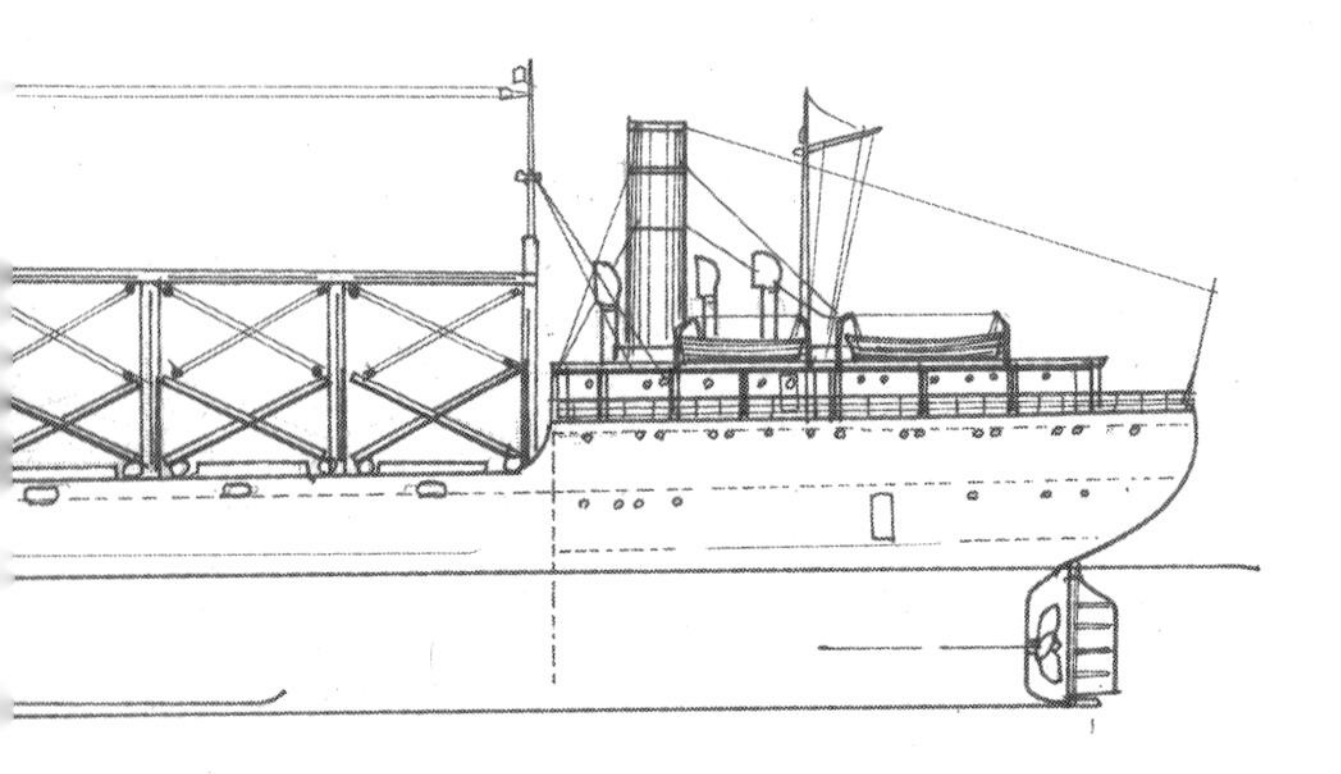

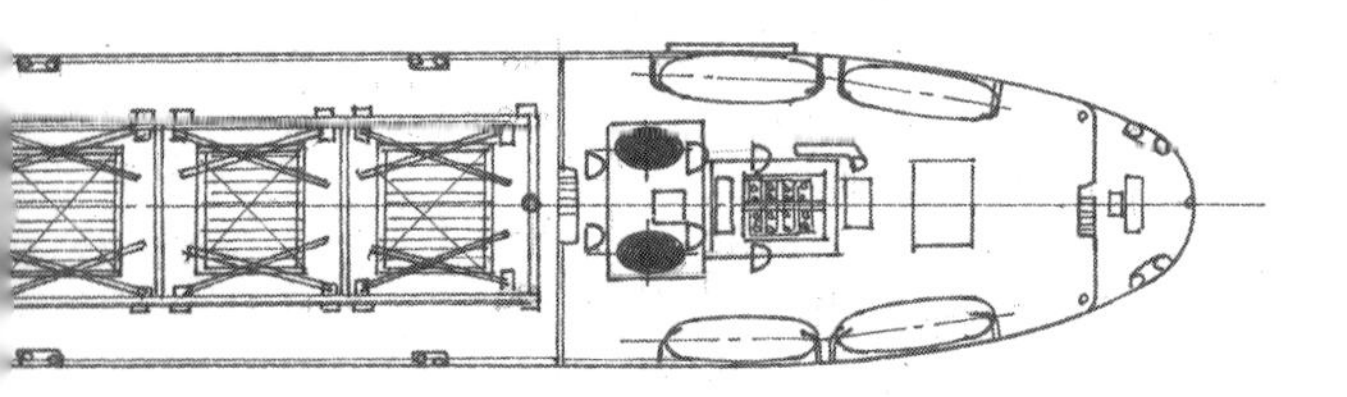

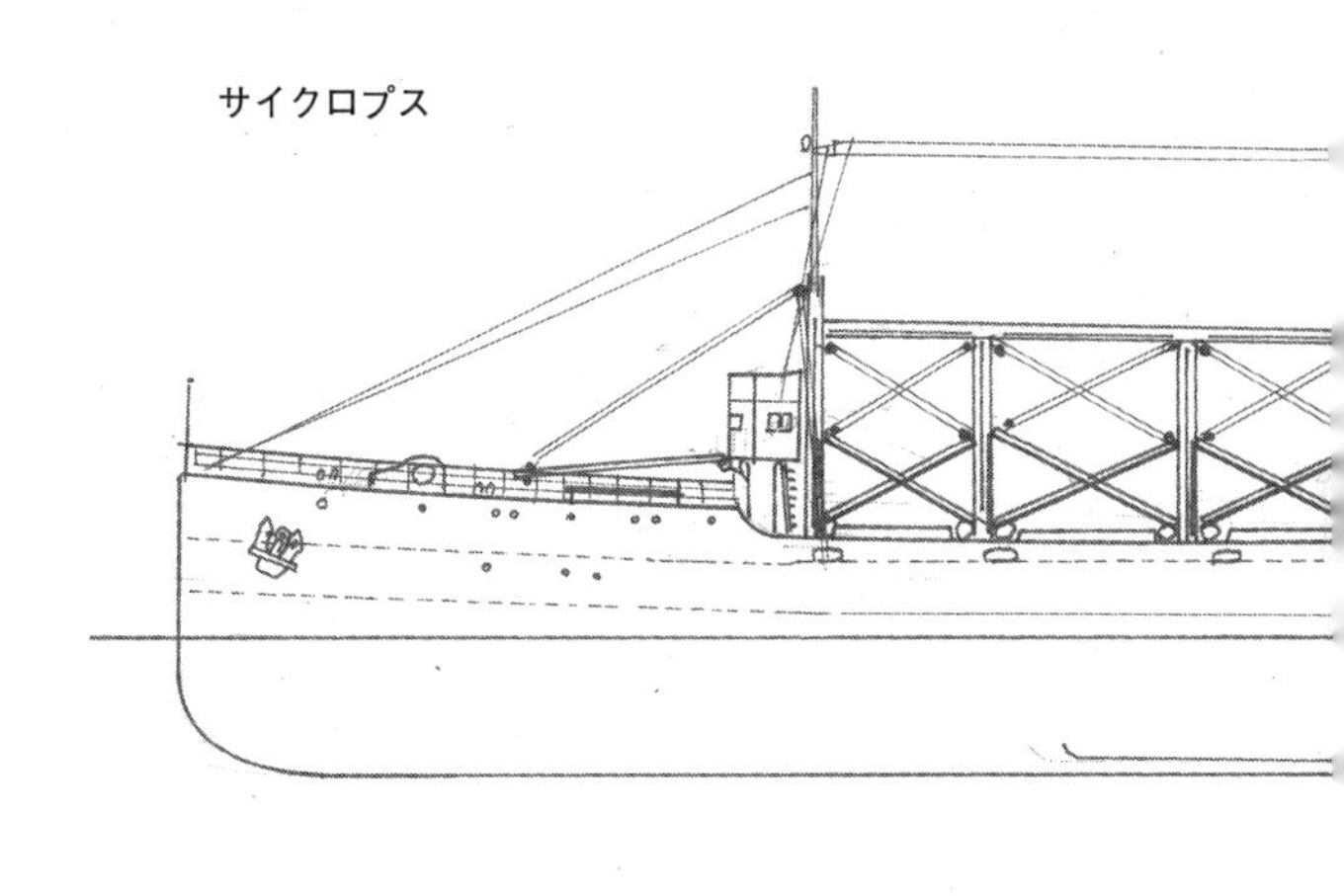
サイクロプス

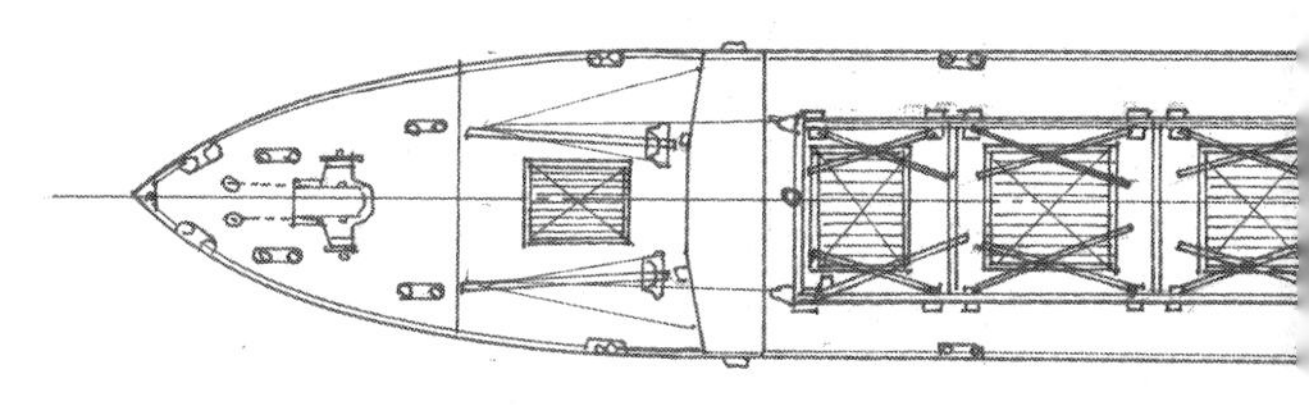

程度の将兵の輸送も行なえる設備を有していたのである。

サイクロプスの搭載石炭量は一万八〇〇〇トンに達するが、石炭の荷扱いのために本級艦の外観は極めて特異な姿となっていた。船首には簡単な艦橋が配置され、船尾楼は比較的長く、そこには機関室や乗組員および便乗者用の居住設備が配置されていた。艦橋から船尾楼までの約九〇メートルが石炭庫となっており、そこには七対の頑丈なデリックブームを装備した大型のキングポストが立ち並び、各キングポストの頂部は三本のビームで固定されていた。

アメリカの第一次大戦への参戦により給炭艦サイクロプスは、主に海外基地配置のアメリカ艦隊に対する給炭任務につくことになった。一九一八年一月八日、サイクロプスは南米ブラジルのリオ・デ・ジャネイロを基地とするアメリカ巡洋艦戦隊への給炭に同地へ向かった。本艦は補給任務終了後はブラジルのバイアでマンガン鉱石一万八〇〇〇トンを積込み、ボルチモアのUSスチール社の製鉄所に輸送することになっていた。

サイクロプスは一月二十八日にリオ・デ・ジャネイロに到着し補給任務を終え、折り返しバイアで予定どおりマンガン鉱石を搭載して二月二十一日に出港、ボルチモアへの帰路についたのである。このとき本艦には帰還する海軍将兵など七三名が便乗し、乗組員二三三名と合わせて三〇六名が乗り込んでいた。

サイクロプスはバイア出港後は一路北上し、どこにも寄港せずボルチモアに向かう予定になっていたのである。しかしバイア出港一〇日後の三月三日にサイクロプスは突如、バルバドス島のブリッジタウンに入港したのだ。そして同地で燃料炭六〇〇トンと食料一八トンを積み込んだのである。まったく予定外の行動であった。そして同艦はすぐに出港して行った。

それ以来、サイクロプスからの連絡は一切途絶えた。予定される航路はカリブ海の東側を一直線に北上しボルチモアに向かうものとされた。

到着予定日を大幅に過ぎ、USスチール社から海軍本部に対しサイクロプスが到着していない旨連絡が入った。海軍はただちに捜索を開始した。しかし予定された航路上にはいかなる艦船の痕跡も発見されなかった。さらに海流に沿っての捜索も続けられたが、同じく何も見つけることはできなかったのである。海軍はサイクロプスが遭難したものと認めたのである。だが確たる物証は何一つなかったのであった。

サイクロプス失踪の原因については、その後、さまざまな噂が飛び交った。本艦の積荷が重要な戦略物資であるために、途中の海域でドイツ艦艇に拿捕されドイツに連行されたというまことしやかな説、後には本艦の予定航路が「バーミューダ・トライアングル」に合致するために、何らかの異常現象により消滅したという奇説まで生まれることになった。

現在では、サイクロプスにバラ積みされたマンガン鉱石が波の動揺と重なり、突然、荷崩れを生じ（あり得る現象）、急速な転覆を起こした、との説が有力となっている。当時のバラ積み船には荷崩れ対策の構造がまだなかったことも事実なのである。艦と乗船者三〇六名の消息は現在に至るまで不明のままで、世界の海難史上最大の謎となっているのである。

23 「長門」

世界初の四〇センチ主砲搭載戦艦

戦艦「長門」は一九一七年（大正六年）八月、日本海軍の八八艦隊計画の第一号艦として呉海軍工廠で起工され、一九二〇年十一月に竣工した。完成時の本艦の規模は基準排水量三万二七三〇トン、全長二一五・八メートル、全幅二九メートルで、主機関は合計最大出力八万五〇〇〇馬力の艦本式蒸気タービン機関が搭載され、最高速力二六・五ノットが発揮できた。

「長門」は世界最初の一六インチ（四〇・六センチ）主砲を搭載し、同連装砲塔四基、一四センチ単装砲二〇門が副砲として装備された。主砲は艦の中心線上の艦首部に二基、艦尾部に二基が配置され、副砲は片舷側に各一〇門となっていた。また装甲は舷側垂直装甲が三〇〇ミリ、甲板が五〇～七六ミリで、司令塔は三七一ミリであった。

本艦と姉妹艦「陸奥」の出現はワシントン海軍軍縮条約後の戦艦建造に対する制限を設けるきっかけともなり、主砲も一六インチを最大口径とすることが決まったのであった。

そしてワシントン海軍軍縮条約締結以降は世界最大口径砲の搭載艦は「長門」「陸奥」、アメリカのコロラド、ウエストバージニア、メリーランド、イギリスのロドネー、ネルソンの

長門

七隻となり、これらを総称して「ビッグセブン」と呼ばれたのである。

その後「長門」と「陸奥」は、一九三四年（昭和九年）から一九三六年にかけて大規模な改装が行なわれた。この工事により船体は艦尾が八・七メートル延長され、水中防御用のバルジの増設により艦の最大幅は五メートル拡幅された。また主機関は最大出力八万二〇〇〇馬力の新型のタービン機関に換装されたが、基準排水量が増加したため最高速力は二五ノットに減じた。なおそれまでの石炭燃焼方式の缶が重油専焼式に換装され、缶二一基が一〇基に減少したために、これまでの二本煙突が一本煙突となり、外観が大きく変化した。この改造で弾火薬庫周辺甲板の装甲が一〇〇〜一二七ミリ追加されている。またこの改装に際し対空火器の増強も行なわれ、一二・七センチ連装高角砲、二五ミリ機銃が追加されている。

そしてこの一連の改造により本艦の基準排水量は三万九一二〇トン、常備排水量は四万三五八〇トンに増加し、世界最大級の戦艦となった。

戦艦「長門」は姉妹艦「陸奥」と交互に連合艦隊旗艦を務めたが、太平洋戦争勃発時の旗艦は「長門」で、戦闘開始の信号『ニイタカヤマノボレ』は「長門」から発せられた。

その後、旗艦の地位は最新鋭戦艦「大和」と「武蔵」に移り、「長門」も「陸奥」も実戦部隊の配備となったが、戦闘の場に登場することはなく、「陸奥」は一九四三年（昭和十八年）六月に瀬戸内柱島泊地で不慮の艦内爆発により沈没している。

「長門」は一九四四年十月、フィリピンのサマール沖の海戦で敵護衛空母や駆逐艦部隊に対し砲撃戦を展開しているが、これが唯一の四〇センチ主砲の発射の機会となったのである。この海戦で「長門」は敵急降下爆撃機の波状攻撃により直撃弾をあびているが致命傷とはならず、以後内地で待機することになった。

本艦は終戦時横須賀で警備艦であったが、この期間に敵艦載機の攻撃で数発の直撃弾を艦橋付近に受けているが沈没には至らず、日本海軍唯一の残存戦艦となっていた。

一九四六年七月、「長門」は太平洋のビキニ環礁で実施されたアメリカ軍の原子爆弾の実験において、標的艦の一隻として現場海域に配置され、二回の爆発実験で船体がわずかに傾斜、数日後に沈没し、その波瀾に富んだ歴史は終わった。

24 「鳳翔」

航空母艦として設計された世界最初の艦

「鳳翔」は航空母艦として設計・建造された世界最初の艦である。じつは世界で最初に航空母艦として設計され建造が開始されたのはイギリス海軍のハーミスであるが、同艦は建造に時間を要し、その間に「鳳翔」が完成してしまい、世界最初のタイトルは日本海軍が手にしたのである。

日本海軍は第一次世界大戦において貨物船を改造した水上機母艦「若宮」を運用したが、航空機を搭載した艦としてはこの「若宮」が世界最初である。日本海軍は「若宮」の実戦における効果を認め、八八艦隊計画の編成の中に二隻の航空母艦の建造を企画したが、航空母艦に対する評価が不十分な時期でもあったために、一隻の建造となったのである。

航空母艦「鳳翔」は一九二二年（大正十一年）十二月に完成した。本艦の規模は基準排水量七四七〇トン、全長一六五・〇五メートル、全幅一七・九八メートル、飛行甲板長一六八・二五メートル、全幅二二・七メートルで、主機関は最大出力三万馬力のタービン機関で、二軸推進による最高速力は二五ノットであった。

また本艦の航空機の搭載機数は二一機であった。格納庫は船体上甲板の前後に二ヵ所に分

鳳翔

かれて配置され、それぞれにエレベーターが装備されていた。完成当初は飛行甲板の右舷前方に小型の艦橋が設けられていたが、後に飛行甲板前端・飛行甲板下に移設された。主機関の排煙装置は飛行甲板やや前方の右舷側に三本の煙突が配置され、飛行機離着艦時にはこれを水平に倒し、飛行機が排煙の影響から避けられる仕組みになっていた。

本艦で特筆すべきことは、日本の艦船で初めて船体の動揺抑制装置としてジャイロ・スタビライザーが搭載されたことである。アメリカのスペリー式装置は船底に配置されたが、これは高速で回転するジャイロがつねに垂直の位置を保とうとする性質を応用したもので、船体の動揺抑制に効果があると判断されていたのである。結果的には本装置は船体の横の動揺（ローリング）に対してはある程度の抑制効果を示したが、縦方向の動揺には効果が少ないと判定されたのである。

本艦の当初の艦載機数は、艦上戦闘機六機、艦上攻撃機九機、両機種の補用機六機の合計二一機であった。なお補用機とは主翼や胴体を分解し格納した機体のことで、ただちに出撃できる状態にはなく予備機的存在の機体である。

「鳳翔」への最初の着艦（一九二三年二月）は三菱航空機社のテスト・パイロットのイギリス人ウィリアム・ジョルダンで、このとき彼は十年式艦上戦闘機を操縦して日本初の航空母艦への着艦を行なった。

なお、この頃の飛行甲板の着艦制動装置は後に一般的に使われた、飛行甲板を左右に横断する複数の制動索ではなく、飛行甲板の縦方向に多数のワイヤロープを狭い間隔で展張したものだった。着艦した航空機の車輪がこのロープを擦る抵抗によって速度を落とす、という仕掛けになっていたのである。しかし後により制動効果の高い横ワイヤ方式が一般的に採用されるようになったのだ。

「鳳翔」は一九三二年（昭和七年）一月に勃発した上海事変の際に初めて実戦に投入され、搭載した戦闘機と攻撃機で地上攻撃を展開した。さらに日中戦争初期には沿岸地域に上陸した日本軍地上部隊の支援のために、空母「龍驤」などとともに実戦に参加している。

太平洋戦争当初には、本艦に第一線の機体（零式艦上戦闘機や九七式艦上攻撃機）の搭載は不可能となっており、旧式の九六式艦上戦闘機や九六式艦上攻撃機による船団護衛などの任務についていた。そして大戦後半からは本艦は瀬戸内にあって、新たな搭乗員の練習機による離着艦訓練用に運用されていた。

終戦時「鳳翔」はほぼ無傷の状態で残存しており、その後、兵装や飛行甲板の一部を撤去して外地からの復員将兵の輸送に使われ、一九四六年五月に解体された。

25 「さんじえご丸」

日本の大型オイルタンカーの嚆矢

日本の商船界が輸入石油（原油）の輸送のために本格的なオイルタンカーを建造したのは一九〇七年（明治四十年）のことであった。当時、日本の石油需要は一部の燃料に使われる程度で、日本国内で産出される程度の石油で十分にまかなえる量であったのである。

しかしその後、ガソリンエンジンやディーゼルエンジンの急速な発達、さらにそれまでの石炭焚きボイラー燃料の重油への転換などにより、石油の消費量が急激に伸び出したのであった。

こうした状況に、近い将来の石油の大量需要を予測した三菱商事社は、大量供給が可能な海外の石油の輸入の検討を開始したのである。そして輸入した石油を日本国内で精製し、期待される需要に応えるために、大量の石油を輸送するための専用船の建造を検討したのであった。

三菱商事社はこの計画を実行に移したのである。南米のベネズエラ産出の石油をパナマ運河経由で日本に運び込む準備に入った。そして同じ三菱財閥系の東洋汽船社で大型石油油槽船の建造を開始したのである。

この日本最初の大型油槽船は「紀洋丸」と命名され、三菱造船社の長崎造船所で建造が進み、一九一〇年十月に完成した。総トン数九二八七トン、全長一四一メートル、全幅一六・八メートルの本船は、最大出力五九〇〇馬力のレシプロ機関駆動で最高速力一四・一ノットを発揮した。本船は三菱造船社の長崎造船所でそれまでに建造された船としては最大級であった。

ところが「紀洋丸」の運航を前にして事態が急変したのである。世界の石油輸入に関する関税の改正が行なわれ、そのあおりを受けて日本が海外から石油を輸入することが、日本の石油産業の経営の上で成り立たなくなることが予測されることになった。三菱商事社では本船の運用中止と同時に石油精製の当面の事業中止が決定したのであった。ここに日本の石油産業が一時頓挫する時代となったのであった。

そのために日本最初の本格的大型石油タンカーとなるはずの「紀洋丸」は、当時事業が進められていたブラジルをはじめとした南米への移民輸送のための移民船に改造されることになったのである。「紀洋丸」は油槽船としての船体をそのまま改造し、一等船客一二名、二等船客三〇名、三等船客（移民客）五一四名を乗せる特設の貨客船に生まれ変わったのであった。

やがてその後、石油の輸入関税に関する制限の撤廃により、日本は再び海外からの石油の輸入が可能となり、事業としても成立することが明らかとなったのである。そしてそれにともない「紀洋丸」は再び石油タンカーとして運用が可能になったのである。

さんじえご丸

しかしこの間に三菱商事社は新しい航洋性の優れた優秀な石油タンカーの開発を進めており、一九二五年（大正十四年）に新型石油タンカーの建造を開始したのだ。

当時、海軍の艦艇の燃料は石炭から石油に急速に転換されていたときであった。三菱商事社は外国からの海軍艦艇用の石油、他の燃料用石油、さらに日本国内への原油の輸入も一手に引き受けており、これらの輸入のために最新型の石油タンカーの建造を急いでいたのであった。

三菱商事社は一九二六年から翌々年にかけて、石油積載量一万トンの石油タンカー三隻（さんぺどろ丸級）を建造した。その第二船が「さんじえご丸」で三菱造船社の長崎造船所で完成した。第一船が「さんぺどろ丸」、第三船が「さんるいす丸」で、その後この三隻を改良した石油タンカー二隻を完成させた。「さんらもん丸」と「さんくれめんて丸」である。これら船名はいずれもカリフォルニアの石油産出地の名前である。

「さんじえご丸」は総トン数七二六八トン、石油載貨重量一万三〇〇〇トン、全長一二九メートル、全幅一七・一メートル、主機関は最大出力二三〇〇馬力のディーゼル機関で、最高速力は一三・一ノットであった。当時は石油の輸送に時間の制限を設けることはなく、この程度の速力でも十分に輸送の任務は果たせたのであった。

「さんじえご丸」の外観はその後の石油タンカーとまったく同じスタイルで、船体の中央からやや前方に船橋楼があり、船長をはじめ航海担当の乗組員の居住区画となっており、船尾楼は機関室と機関科関係の乗組員の居住区域となっていた。そして船尾楼から船首楼までの空間はすべて石油タンクとなっているのである。

日本の大型商船で最初にディーゼル機関を搭載した商船は、一九二四年に三井物産船舶部（後の三井船舶社）が建造した貨物船「赤城山丸」（総トン数四七一五トン）である。「赤城山丸」の運航結果は海運会社を驚かせたのである。従来のレシプロ機関や蒸気タービン機関付きの船に比較し、機関部人員の大幅削減、燃費の格段の向上、大容量の燃料用石炭庫の貨物倉への置き換え等々、個々の船舶の運航経費の大幅削減につながり、商船の主機関のディーゼル化に大きな拍車がかけられたのであった。

太平洋戦争の勃発直前に「さんじえご丸」は海軍に徴用され、特設運送船として任務につくことになった。その目的は南方で産出される燃料油の艦隊の出先拠点基地への輸送であった。しかし旧式化しつつあった本船は速力も遅く任務遂行上適任ではなく、その後徴用解除となり、南方からの民需用石油の輸送任務につくことになった。ここでも低速のために激戦地海域での航行が困難となり、一九四四年（昭和十九年）十二月以降は国内の港に係留され、無傷で終戦を迎えたのであった。その他の姉妹船と準姉妹船はいずれも戦禍で失われていた。

終戦翌年の一九四六年に開始された戦後の第一回南氷洋捕鯨では、「さんじえご丸」は捕鯨船団の給油船として南極に派遣されている。また一九四九年に再開されたペルシャ湾への石油引き取りの第一船は本船が行なった。

その後「さんじえご丸」は国内のローカルでの石油輸送に運用されたが、老朽化のために一九六〇年（昭和三十五年）九月に解体された。日本の歴代石油タンカーとして記念すべき船であると同時に、最長寿の船齢三二年であった。

26 レキシントン（LEXINGTON）

アメリカ海軍最初の改造大型航空母艦

レキシントン（LEXINGTON）とサラトガ（SARATOGA）は、アメリカ海軍の第二番目と三番目の航空母艦である。いずれもアメリカ独立戦争の激戦地として著名な場所を艦名としている。アメリカ海軍航空母艦の艦名の多くは独立戦争や南北戦争、後には太平洋戦争の激戦地を選んでいる。エセックス、ランドルフ、バンカーヒル、ベニントン、ハンコック、タラワ、フィリピンシー等々である。

レキシントンとサラトガは、アメリカ海軍の一九一六年度の造船計画で建造される巡洋戦艦（レキシントン級）六隻の中の二隻であった。本艦は基準排水量三万五三〇〇トン、四〇センチ連装砲塔四基を搭載し、最高速力三五ノットという高速巡洋戦艦として完成する予定であった。しかしワシントン海軍軍縮条約の締結にともない六隻すべての建造が中止され、それまで工事が進んでいたレキシントンとサラトガのみが艦種を航空母艦に転換することで完成が認められたのであった。

一番艦のレキシントンは一九二七年十二月に完成した。航空母艦としての本艦の規模は、基準排水量三万六〇〇〇トン、全長二七〇・六五メートル、全幅三二・一五メートル、そしてその全長と全幅は、ほぼそのまま飛行甲板の規模となっていた。

本艦の艦首は飛行甲板と一体化したハリケーン・バウ構造となっており、飛行甲板右舷中央には巨大な煙突と艦橋構造物が配置された。また艦橋の前方と煙突の後方には二〇センチ連装砲塔がそれぞれ二基配置され、重巡洋艦並みの武装であった。これは戦艦と巡洋戦艦として建造途中であった日本海軍の「加賀」と「赤城」も同じで、両艦ともに中段飛行甲板に二〇センチ連装砲塔二基と二〇センチ単装砲を搭載していた。これは当時の各国海軍が航空母艦を運用するシステムが確定しておらず、空母が戦闘中に敵水上艦隊と遭遇することを考慮して防御用に配備したものであった。

レキシントンの飛行甲板下の船体上甲板は一段式の格納庫甲板になっており、飛行甲板の中央付近に配置された二基のエレベーターで飛行甲板と連絡していた。また飛行甲板のすぐ下（格納庫甲板の天井部分）にはギャラリーデッキが配置され、ここは搭乗員や整備員の居住区域、食堂、ブリーフィング・ルームや各種倉庫となっていた。

本艦の装甲は舷側垂線部分は一五三ミリの装甲板が張られていたが、水平装甲は格納庫甲板の下が七六ミリの装甲甲板となっており、また飛行甲板は二五ミリの装甲板で表面は厚板の木張りとなっていた。

レキシントンの特徴の一つに主機関があった。本艦の動力は最新型のターボ・エレクトリック方式を採用しており、発電機により合計八基のモーターを回転し、それぞれ二基のモーターで一基の推進機を回転させる仕組みになっていた。モーター一基の出力は二万二五〇〇

レキシントン

馬力で、四軸の推進器は合計一八万馬力となり、最高速力三四ノットが確保されていた。

　搭載機の数は建造当初より合計八〇機とされていたが、一九四二年（昭和十七年）五月のサンゴ海海戦時の搭載機は、グラマンF4F艦上戦闘機二二機、ダグラスSBD艦上爆撃機三六機、ダグラスTBD艦上攻撃機一二機の合計七〇機となっていた。
（注）一九四五年二月当時の姉妹艦サラトガの搭載機数は、グラマンF6F艦上戦闘機四二機、グラマンTBM艦上攻撃機三二機の合計七四機であった。

　姉妹艦サラトガは一九四一年に飛行甲板の前半部の拡幅工事を行なっており、このとき艦橋構造物が小型化され、その前後の二〇センチ連装砲塔が撤去され、そのあとに一二・七センチ連装砲塔四基が新たに配備されている。またこのとき飛行甲板前端に油圧式カタパルト二基が設置された。

　レキシントンはサラトガとともに太平洋戦争勃発当時は太平洋艦隊に配属されていた。開戦まもなく、サラトガは日本海軍の潜水艦の雷撃を受け大破し、修理に長時間を要することになったが、レキシントンは一九四二年二月、ウエーキ島とマーカス島（南鳥島）を攻撃し、この戦争での初陣を飾った。

レキシントンは五月四日から八日にかけて展開されたサンゴ海海戦ではヨークタウンと組み、日本海軍の空母「翔鶴」と「瑞鶴」と熾烈な航空戦を展開した。この戦いで両空母は日本の艦上爆撃機と艦上攻撃機の攻撃を受け、ヨークタウンは中破、レキシントンも中破したが、航空機用燃料タンクの大爆発を起こして炎上、味方駆逐艦の雷撃によって沈められた。

その後一隻残った姉妹艦のサラトガはソロモン諸島をめぐる海戦で奮闘し損傷をくり返したが、一時イギリス海軍の航空母艦と共同してドイツ艦艇の攻撃やインド洋方面での日本軍拠点に対する航空攻撃を展開していた。サラトガは一九四六年七月、ビキニ環礁で実施された原子爆弾の二回の爆発実験（空中爆発と水中爆発）において標的艦となり沈没している。

27 ステラ・ポラリス（STELLA POLARIS）

世界最初の豪華クルーズ客船

ステラ・ポラリス（北極星）はこれまで世界中でクルーズ専用として建造された船のなかでも最も初期のものである。一九二七年（昭和二年）二月、スウェーデンのヨーテボリのゴータベルゲン造船所で完成した。本船は総トン数五一〇五トン、全長一二七・〇メートル、全幅一六・七メートル、最大出力三〇〇〇馬力のディーゼル機関推進の客船である。

船主はノルウェーのベルゲン・ライン社で、同社は本船をまだ黎明期にあったクルーズ船として事業を展開する計画だったのである。

ステラ・ポラリスの船首には帆船を思わせる長いバウスプリットが配備されており、純白に塗装された船体は、まさに大型帆船を連想させる姿であった。乗客数は一六五名の一等相当のワンクラス制で、乗組員一六〇名のうち、じつに一二〇名がスチュワードなどの接客係という、至れり尽くせりの対応をする客船であった。それもそのはずで本船の旅客は欧米の富豪や王侯貴族が対象で、一般庶民が乗船するにはいささか場違いな雰囲気であったのである。

船内のサービスも現在のクルーズ客船とは趣が大きく異なっており、スチュワードも最低三ヵ国の言葉が自由に話せなければならず、厳しいマナーの習得が必要とされた。乗船客にはノルウェーやスウェーデン国王、ベルギーやオランダの王室一家、さらに各国首脳、著名な富豪や貴族が多数含まれ、本船によるクルーズは欧米の上流階級の人々の最大の娯楽となっていたのであった。

本船のプロムナードデッキの最前部はラウンジで、壁面は北欧風の木目込み細工で装飾され、スウェーデン風の家具・調度で満たされていた。それに続くエントランスホールも壁面は最上級の木目込み細工仕上げとなっており、その背後のスモーキングルームは重厚な北欧風の雰囲気を醸し出した造りで、側面の厚いガラスにはすべて北欧の物語『ペール・ギュント』を題材にしたエッチング仕上げとなっていた。同デッキの後部はボールルームとなっているが、これは後に新設されたもので建造当初はパーティー用の屋外デッキとなっていた。

メインデッキの最前部はダイニングルームで、内部はマホガニー材を駆使した柱や壁板で飾られ、一度に旅客全員の着席が可能となっていた。ダイニングルームの後部と一段下のセカンドデッキには定員一名と二名の客室が並び、船体中央には居間と寝室・浴室のスイートルームが二室配置されていた。ここは最上級の旅客が使用するものであった。

ステラ・ポラリスは完成後は予定どおり欧米の貴族や富豪を対象としたフィヨルドクルーズ、地中海クルーズ、カリブ海クルーズを展開していたが、一九三九年九月に第二次大戦が勃発したとき、ノルウェーのベルゲン港に在泊中で、侵攻してきたドイツ軍に接収されドイツ本国に回航されたのである。そしてドイツ海軍士官の宿泊、および休養船として使われた

ステラ・ポラリス

のである。しかし幸運にも連合軍の空爆を受けることはなく、無事に無傷の姿で戦争を生き延びている。
　戦後、本船はスウェーデンにもどされ修繕工事が行なわれ、一九四七年からはアメリカのニューヨークを起点としたカリブ海クルーズに用いられた。この頃のクルーズ客は経済的に余裕のある富豪が対象となっていたが、戦前とは異なり、いくらか品格は落ちてきたのである。
　その後本船はスウェーデンのクリッパー・ライン社の手に渡り、同じく欧米客を対象としたクルーズを展開していたが、一九六〇年代に入り「船舶の海上における人命の安全に関わる条約」（ＳＯＬＡＳ条約）の大規模改定があり、この条約に規定される客船となるには大規模な改造が必要となった。
　ここで船主は多額の投資を必要とするにはステラ・ポラリスは老朽化しており、売却することにしたのであった。これをうけて伊豆半島を中心としたリゾート開発を進めていた日本のコクド社が本船を購入したのであった。コクド社は本船を伊豆半島の西海岸の木負海岸でホテルシップ兼レストランシップとして活用しようとしたのである。

ステラ・ポラリスは同地まで回航されて係船され、計画どおりに進められたのであった。船名は「スカンジナビア」と改められ、富士山をバックにした景勝の地に純白の帆船風の本船は絶好の観光施設となり、一九七〇年（昭和四十五年）七月から営業を開始した。事業は大当たりとなり、伊豆半島の主要観光施設の一つともなったのであった。

しかしバブル景気後のリゾート経営は難しく、二〇〇〇年になると観光事業を中止することになったのである。二〇〇六年八月、スウェーデンの興行会社に売却されたステラ・ポラリスは香港に向けて回航されることになった。その途中で船体の老朽化により漏水が発生、九月一日、曳航中の本船は潮岬沖で海没したのであった。文化遺産的な価値を持つステラ・ポラリスの損失は世界の海運界に衝撃をもたらしたのであった。

28 ブレーメン（BREMEN）

ドイツの誇りであった高速巨大客船

ブレーメンは世界の船舶史上でもあまりにも有名な船である。一九二八年八月、ドイツのヴェーザー造船所で本船は進水した。本船の総トン数は五万一六五六トン、全長二八二・四メートル、全幅三〇・六メートルの巨船で、主機関には四基合計出力一三万五〇〇〇馬力の蒸気タービン機関が搭載され、最高速力は二五ノット（時速約四六キロ）以上を出す計画であった。

ブレーメンの旅客定員は一等六〇〇名、二等五〇〇名、ツーリスト三〇〇名、三等六〇〇名の珍しい四等級制を採用し、合計定員は二〇〇〇名に達した。この大容量の定員の中のツーリストクラスと三等の乗客の大半は、ドイツからアメリカに渡る移民客が対象だったのである。第一次大戦後のドイツは経済恐慌のあおりをうけ、生活困窮者があふれ、その多くが新天地アメリカでの新たな生活を求めていたのであった。

ブレーメンの設計に際しては本船をドイツの国力顕示のシンボルとすべく、最新の船舶設計技術を導入することになっていた。設計が進むなかで造船所には巨大な水槽が造られ、さまざまな模型を用いて水の抵抗の少ない高速力を発揮できる船体の確立に努力した。

本船には当時の船体設計の最新理論であるユーケビッチ理論を採用し、抵抗の少ない船体の水線面の形状を定めたのであった。

この理論は船首の水面における造波抵抗を最小にする理論でもあり、船首水面下には世界で初めて涙滴形の球状船首（バルバスバウ）が採用されている。さらに船底の外板の張り方にも新規工法が採用されたのであった。

本船は一九二九年六月に完成し、ただちにニューヨークへ向けての処女航海に旅立った。この航海でブレーメンは平均速力二七・八五ノット（時速五一・六キロ）を出し、見事にブルーリボンを獲得し、ドイツ国民を歓喜させたのであった。

本船は姉妹船のオイローパ（ＥＵＲＯＰＡ）とともに以後北大西洋航路で旅客輸送に活躍した。大型旅客機が発達する前の外国渡航はすべて船であり、このとき「高速、豪華、大型」の客船は集客効果を上げる最大の要素であったのだが、同時に廉価な運賃で大量の移民客を運ぶ客船の建造も各海運会社にとっては大きな課題だったのである。

ブレーメンは建造当初、極めて特異な設備を準備していた。竣工後の本船の二本の煙突の間にはカタパルトが配置されており、ここに水上機が一機搭載されていた。この飛行機の目的は郵便の輸送にあった。

ブレーメンがニューヨークに到着する一日前に、郵便物を搭載したこの水上機が発進されてニューヨークに向かうのである。そして船の到着より一日早く郵便物の配達を可能にしようとするサービスだったのである。

ブレーメン

しかしこのアイデアは、天候に左右されやすく、また一日程度の郵便物の早着は効果の薄いもので、この企画はまもなく中止されている。その一方でブレーメンの船内旅客設備の配置は、その後の世界の大型客船の船内配置に大きな影響を与えているのである。

一九三九年八月三十日、ブレーメンはニューヨークに到着した。すでに本船にはドイツ本国から戦争勃発直前の急報が入電しており、到着後はただちに帰還する旨の指令が入っていたのである。この報せでブレーメンはニューヨークに到着すると、急ぎ乗客を降ろすと踵を返して本国に向かったのである。戦争勃発の九月一日にニューヨークに停泊していた場合、本船はアメリカ政府から拘留の指示を受ける可能性があったためである。

ブレーメンは本国のブレーメルハーフェンに入港することは、状況からみてイギリス海軍の阻止を受ける可能性が大きいため、急遽ソ連の北極圏のムルマンスクに向かい、無事に同港に到着したのであった。その後イギリス海軍の隙をついて本国の港に帰着したが、本船はドイツ海軍将兵の宿泊船として使われることになった。

ドイツのイギリス本島への侵攻作戦計画にともない、ブレーメンは兵員輸送船として運用すべく準備に入ったが、本作戦の中止により再び海軍の宿泊船として使われたのである。そして一九四一年五月、本船は突然の船内火災で全焼したのであった。原因は乗組員の放火であったとされる。焼けただれたブレーメンの船体はそのまま放置され、戦後になって解体された。

29「畿内丸」

その後の貨物船に革命をもたらした日本最初の高速船

「畿内丸」は日本の貨物船史上に燦然と輝く実績を残した不朽の名船である。本船は一九三〇年（昭和五年）六月、三菱造船社の長崎造船所で完成した。船主は大阪商船社で、本船を第一船として一気に合計六隻の同型船（東海丸、山陽丸、北陸丸、南海丸、北海丸）を建造したのだ。

大阪商船社は一九〇九年（明治四十二年）に同社の最初の遠洋航路でもあるアメリカ西岸（タコマ）航路を開設した。同社はそこでタコマ（シアトル近傍）からアメリカ大陸を横断するミルウォーキー鉄道と提携し、生糸をアメリカ東海岸に運ぶための輸送路を開拓したのである。

当時の日本の最強の輸出品は生糸であり、これを世界の生糸市場の中心であるニューヨークへいかに早く運ぶか。その手段の開拓は日本の生糸の販路拡大のために極めて重要なことであったのである。

この航路の開拓により大阪商船社は六〇〇〇総トン級の貨客船「たこま丸」級六隻と、九五〇〇総トンの「まにら丸」級貨客船六隻を建造した。

一九一四年（大正三年）にパナマ運河が開通すると、ニューヨークまでの生糸輸送経路に大きな変革が起きたのである。日本からニューヨークまで船で直接の輸送ができることになったのだ。途中の鉄道輸送への煩雑な経緯を考えれば、船で直接ニューヨークへ運ぶ方が得策であるかもしれない。しかしその経路も、当時の低速の貨物船ではるかパナマ運河を通過する期日を加味すれば、必ずしも有効とはいえなかったのである。生糸の価値は「新鮮」であることが第一であったのだ。つまり生糸は生産されて市場に出るときに、いかに新鮮であるかで価値が決まるのである。

大阪商船社はパナマ運河経由のニューヨーク航路用の高速貨物船の建造を計画した。ただこの貨物船には高速力だけを求めるのではなく、輸送間の生糸の品質劣化を防ぐために、温度調整をした専用の「シルクルーム」を配置したのである。

一九三〇年七月、ニューヨーク航路用の高速貨物船の第一船「畿内丸」はニューヨークへ向けての処女航海に横浜港を出港した。

「畿内丸」は総トン数八三六〇トン、貨物積載量一万三〇〇〇トン、全長一三五・九メートル、全幅一八・四メートル、主機関は二基合計最大出力八二六二馬力のディーゼル機関であった。本船は二軸推進で計画最高速力は一八・四ノットで、それまで日本が建造した貨物船の中では群を抜いた高速力であったのである。

「畿内丸」が横浜港を出港したのは七月十六日で、パナマ運河経由でニューヨークに到着したのは八月十日であった。所要時間は二五日と一七時間三〇分である。それまでの貨物船の

畿内丸

航海時間にくらべて一三日の大幅短縮であった。アメリカ大陸を貨物輸送した場合に比較しても一〇日前後の短縮となったのである。

本船で運び込まれた生糸は途中の温度管理も適切で輸送時間も短縮され、極めて良質な生糸と評価されて高値で取引されたのである。

「畿内丸」の出現は日本のニューヨーク航路用の貨物船に一大変革をもたらしたのだ。同航路に貨物船を配船していた日本郵船社、三井物産船舶部（後の三井船舶社）、川崎汽船社など主要海運会社は、その後続々と同航路用の高速貨物船を建造し配船したのである。

しかし太平洋戦争の勃発前に同航路は閉鎖され、配船されていた高速貨物船のすべてが陸海軍に輸送船として徴用されたのだ。そして約五〇隻のこれらニューヨーク航路用の高速貨物船の中で終戦時に残存したのはわずか「有馬山丸」一隻（三井船舶社）であったのだ。

（注）「有馬山丸」以外に終戦時に国内の浅海に沈没していた川崎汽船社の「聖川丸」は戦後浮揚され、

修理の後にニューヨーク航路に復活している。

「畿内丸」は海軍に徴用され特設運送船となり、戦争勃発直後から海軍陸戦隊将兵や基地資材の輸送に運用されていたが、一九四三年（昭和十八年）五月、トラック島基地から横須賀に向けて航行中、敵潜水艦の雷撃を受けて沈没した。

30「氷川丸」

日本に現存する唯一の戦前型貨客船

「氷川丸」は日本郵船社が所有する現存する唯一の戦前型貨客船である。船齢九〇年に達する長寿船であり、海上にあるが航行は不可能で横浜港内に係留され、国の重要文化財の指定を受けている。

「氷川丸」は一九三〇年（昭和五年）四月にシアトル航路の船質改善のために建造された。姉妹船に「日枝丸」と「平安丸」があったが二隻とも戦没している。

本船は三菱造船社の横浜造船所で竣工後、ただちにシアトル航路に配船された。本船は総トン数一万一六二二トン、全長一六三・三メートル、全幅二〇・一メートル、主機関は最大出力五五〇〇馬力のディーゼル機関二基、二軸推進による最高速力は一八・二ノット、航海速力は一五ノットであった。

「氷川丸」が航行する北太平洋は特有の荒天が多く、船体の安定を保つために船の重心を低くする必要から、上甲板上に配置される甲板数を一段減らした構造になっていた。それにより船影は同規模の船と比較すると低いシルエットとなっている。

このために客室の配置数も同規模の船に比較すると少なくなっており、一等船客定員は七六名、二等船客定員は六九名、三等船客定員は一八六名の合計三三一名であった。なお貨物積載量は一万一〇〇〇トンである。

本船の一等客室はプロムナードデッキにも配置されており、そこには居室、寝室、浴室の完備された一等特別室が設けられていた。この船室には秩父宮ご夫妻や、著名な喜劇役者であるチャーリー・チャップリンが乗船したことがある。

本船の一等ラウンジやダイニングルームなどの公室はイギリス風の仕上げとなっており、一等客室は定員一名または二名となっていた。二人室は壁に畳み込まれたベッドを倒すと三名室としても使えるようになっていた。また二等客室は二段ベッド一組または二組の定員二名または四名室となっており、三等客室は二段ベッド式の定員四名または六名室となっていた。そして「氷川丸」は姉妹船の「日枝丸」と「平安丸」と組み、月二航海のシアトル航路を展開していた。

「氷川丸」は太平洋戦争開戦を前に一九四一年十一月に海軍に徴用され、特設病院船として用いられることになった。ほとんどの世界の海軍と同じように日本海軍も常備の病院船は在籍せず、有事に際しては民間船を徴用し病院船として運用しているのである。

海軍病院船は動く総合病院に相当するもので、各診療科の設備を配置し、多数の医師や看護士が乗船したのである。病院船の任務は艦隊拠点基地や前戦根拠地での将兵の診療や手術および防疫であった。

「氷川丸」は徴用されると一ヵ月を要して船内を病院施設に相当する改装を行なった。公室

氷川丸

は手術室やレントゲン室、あるいは病院事務室として使われ、一等特別室は病院長（海軍軍医大佐）の居室となり、他の一等客室は各科の医師の居室や士官の病室に転用、二等客室は病院技師や士官の病室として使われた。また三等客室は下士官兵用の病室や看護士の居室として、船倉の第二甲板は下士官兵用の雑居病室として用いられた。

なお海軍の病院船の看護は専門教育を受けた看護兵が行ない、看護婦は乗船させなかった（陸軍の病院船は患者の移送が主な任務で看護婦が乗船していた）。

戦争当事国が病院船を定めたときには、その船の詳細を国際赤十字社に連絡し、そこを経由し敵対国にも個々の病院船の存在を確認させ、攻撃対象から除外するという国際的な厳重な規定があった。その代償として病院船はいかなる戦闘行為にも使うことは厳禁されているのである。たとえば将兵の輸送や糧食の輸送、各種戦闘物資の運送、スパイ行為などは絶対の禁止事項で、これに違反した場合はただちに攻撃の対象となるのであった。

太平洋戦争中の「氷川丸」は三年九ヵ月の間に合計一一八

ヵ所の拠点基地を巡回し、医療防疫活動を展開したのである。また日本海軍は「氷川丸」の他にかつての台湾航路の大型客船「高砂丸」も病院船として徴用し、同じ任務につかせていたのである。

「氷川丸」は無事に太平洋戦争を生き延び終戦を迎えたが、終戦後の数年間は外地からの引き揚げ将兵の帰還や占領軍最高司令部（ＧＨＱ）の許可のもとに海外からの食糧品などの輸送に配船された。また一時は貨客の陸上交通の混雑緩和のための阪神、京浜、北海道間の不定期配船も行なわれた。

戦後の混乱も一段落し講和条約も結ばれた一九五三年（昭和二十八年）七月から、「氷川丸」は再びシアトル定期航路に配船されることになったのである。そして一九六〇年十月一日にシアトルから横浜港への航海で同航路の定期配船から引退したのである。「氷川丸」の竣工直後からこのときまでのシアトル往復航海は合計二三八回におよんだのである。その合計航行距離およそ四〇〇万キロに達したが、これは地球と月を五往復した距離に相当するのだ。

現在「氷川丸」は横浜港で一般公開されている。船舶の国の有形文化財は帆船「明治丸」と「氷川丸」の二隻である。

31 レンジャー（RANGER）

アメリカ海軍が初めて設計・建造した正規航空母艦

レンジャーはアメリカ海軍が航空母艦として最初から設計した初めての航空母艦である。そして本艦はその後建造されたヨークタウン級やエセックス級空母の原型ともなった艦で、多分に試作艦的な要素があり、その外観と構造には様々な試行錯誤が見られ、興味深い艦であった。

本艦は一九三四年六月にアメリカ海軍の第四番目の航空母艦として完成し、以後はほとんど大西洋艦隊に所属し運用されていた。

レンジャーの基準排水量は一万四五七六トン、満載排水量一万九九〇七トン、全長二三〇メートル、全幅三二・七メートルの船体の上に全長二一六・一メートル、全幅二六・二メートルの飛行甲板が配置されていた。主機関は二基合計最大出力五万三五〇〇馬力の蒸気タービン機関で、二軸推進による最高速力は二九・二五ノットであった。

正規航空母艦として最高速力が三〇ノットに満たないことは、レキシントン級やヨークタウン級の航空母艦と共同作戦をとることができず、これがその後空母が逼迫したときにも、本艦が太平洋戦域に投入されなかった理由の一つでもあったのである。

レンジャーの装甲は舷側の垂直外板が五一ミリの防弾鋼板となっており、格納庫甲板（上甲板）が五一ミリ防弾鋼板、その下の甲板が二五ミリの防弾鋼板となっていた。また飛行甲板は二五ミリの鋼板張りでその上に厚板が張られていた。

本艦の格納庫は船体の上甲板の位置にあり、周囲に支柱が立てられその上に飛行甲板が配置されていた。そして格納庫甲板の天井部分（飛行甲板の一段下）にはギャラリーデッキとなっていたが、これはエセックス級まで続くアメリカ空母の基本構造となった。

本艦の格納庫の側壁の多くは開閉式シャッターになっていた。この構造は格納庫内での搭載機のエンジン試運転の際の排気ガスの排出に効果的で、さらに結果的ではあるが、格納庫甲板内で爆弾が破裂した際に爆圧が放散され、船体への損害を最小限に抑えることが実戦で証明されることになったのである。そしてこの構造はエセックス級以後の航空母艦の標準的なものとなったのであった。

レンジャーの外観上での最大の特徴は煙突である。レキシントン級二隻では飛行甲板右舷中央に巨大な煙突を配置したが、当時はまだ航空母艦の煙突の位置（排煙の仕組み）については異論が交錯していた頃で、本艦では飛行甲板後半部の両舷側にそれぞれ三本の細い煙突が配置される構造となっていた。そしてこの煙突は飛行機の着艦に際しては水平に倒す仕組みになっていた。着艦する飛行機に対する排煙の影響を少しでも軽減させるための工夫だったのである。

飛行甲板のエレベーターの配置は特徴的で、飛行甲板中央付近の前後に二基が近接して設

レンジャー

けられていた。これにはその後実用上の不都合が判明し、ヨークタウン級では飛行甲板の前中後の三ヵ所に変更されている。またカタパルトは建造当初は配備されておらず、一九四二年中頃に飛行甲板の前部に二基の油圧式カタパルトが設けられた。

本艦の航空機搭載量は格納庫内が七六機となっていた。一九四三年十月当時の航空機搭載数は、グラマンF4F艦上戦闘機、ダグラスSBD艦上爆撃機、グラマンTBM艦上攻撃機合計七〇機となっていた。

防御火器は当初は一二・七センチ単装高角砲八門であったが、その後、戦訓により機銃が多数配備され、最終的には四〇ミリ四連装機関砲六基、二〇ミリ単装機関砲二〇門となっている。

レンジャーは第二次大戦にアメリカが参戦以来大西洋艦隊に属し、船団護衛や航空機の輸送に運用されていた。一九四二年十一月の連合軍の北アフリカ上陸作戦では、艦載機による在アフリカのフランス・ヴィシー政府軍に対する攻撃を展開している。その後は一九四三年十月にノルウェーのフィヨルドに在泊するドイツ海軍艦船に対する攻撃を行なったが、大規模な戦闘にはならず、以後はイギリス駐留のアメリカ陸軍航空隊に対する各種航空機の運搬艦として運用された。ヨーロッパ戦線終結後は太平洋に回航され、太平洋艦隊の空母艦載機の練習艦として用いられた。戦後は予備艦となっていたが、一九四七年二月に解体された。

32 ル・ファンタスク（LE FANTASQUE）

現代に至るも世界最高速のフランス駆逐艦

ル・ファンタスクは姉妹艦とともに高速駆逐艦として、世界にその名を轟かせた有名な艦である。ル・ファンタスクは六隻からなる高速駆逐艦の一番艦で、一九三五年三月に完成した。本級駆逐艦はその前身であるジャグア級駆逐艦の進化型で、その高速力は当時の世界のあらゆる駆逐艦の速力を完全に凌駕していたのである。

イタリア海軍とフランス海軍は一九二〇年代に入る頃から互いに意地をかけて駆逐艦と巡洋艦の速度競争を繰りひろげており、最終的にはル・ファンタスク級駆逐艦がその筆頭に立ったのである。

一番艦のル・ファンタスクは完成直後の公試運転において、最高速力四二・七二ノット（時速七九・一キロ）を記録し世界を驚愕させたのである。そしてすでに竣工していた五番艦のル・テリブルは公試運転で最高速力四五・〇二ノット（時速八三・三キロ）を記録したのである。この速力は現在にいたるまでモーターボート以外に一般型の船舶が出した世界最高速度記録なのだ。そしてこのル・ファンタスク級駆逐艦六隻のすべてが最高速力四〇ノットを記録する快記録を樹立したのであった。

ル・ファンタスク

ル・ファンタスク級駆逐艦は基準排水量二五六九トン、満載排水量三二〇〇トン、主機関は二基合計最大出力一〇万馬力であった。この出力は二万トン級の航空母艦に三〇ノットの速力を出させるに等しい馬力であったのである。

本級艦の全長は一三二・四メートル、全幅は一一・九八メートルで、船体の縦横比率は一一・〇と極めて細身であった。この船体は高速力を得るためには有利であるが、重武装を配備するには必ずしも都合の良い形状ではなかったのだ。そのために本艦は大型ではあるが武装は一三・八センチ砲五門、五五センチ三連装魚雷発射管三基だけで、後に艦尾の単装砲一門は撤去され四〇ミリ四連装機関砲一基に換装している。

第二次大戦の勃発一年後にフランスがドイツに降伏すると、ル・ファンタスク級五隻は親ドイツのヴィシー政府軍海軍に属し、西アフリカのフランス領セネガルのダカールに集結した。六番艦のランドンタブル艦長はヴィシー政府海軍への移籍を拒み、南フランスのツーロン軍港内で自沈している。この間に四番艦のローダシューはオーストラリア海軍の巡洋艦オーストラリアと砲撃戦を展開し撃破されている。

その後、残る四隻は戦火を交えることはなくイギリス海軍に投降し、連合軍側駆逐艦として運用されることになった。

このときル・ファンタスク級駆逐艦は軽巡洋艦に艦種が変更され、地中海のアドリア海方面でドイツ輸送船団を攻撃、さらに連合軍のイタリア・サレルノ上陸作戦の支援を担当した。また一九四四年八月の連合軍の南フランス上陸作戦（ドラグーン作戦）で上陸支援活動を展開している。

第二次大戦の終結直後にはル・ファンタスクとル・トリオンファン（二番艦）が状況の悪化しているインドシナに派遣され、サイゴンを拠点にしてインドシナ半島沿岸の哨戒活動を行ない、ときには沿岸で蠢動するベトミン軍に対する砲撃を実施した。

その後二隻は本国に帰還しているが、この頃でも最高速力の四〇ノットは維持していた。しかしいずれの艦も老朽化が進み、一九五七年（ル・ファンタスク）から一九六四年（三番艦ル・マラン）にかけてすべてが退役し解体された。

33 ノルマンジー（NORMANDIE）

世界で初めて三〇ノットを記録した客船

一九〇七年と一九〇九年に建造されたイギリスのキュナード・ライン社の三万総トン級大型客船ルシタニアとモーリタニアが、それぞれ二五ノット以上の大西洋平均速度記録を樹立して以来、これを凌駕する客船はしばらく現われなかった。しかしドイツのブレーメンとオイローパ、さらにはイタリアのレックスがつぎつぎとこの記録を破り、それぞれの国がブルーリボンを獲得すると、海運国フランスは黙ってはいられなかった。フランスもついにこの競争に参入する覚悟を決めたのである。

当時の北大西洋を舞台とする客船の速力競争は、その後の宇宙開発にも似た国家間の鎬を削るイベントに発展していたのであった。

一九三〇年頃、イギリスが超大型高速客船の建造の準備に入ったとの情報を得ると、フランスは国の威信をかけ、国家財政のバックアップのもとで高速巨船の建造が開始されたのである。

フランス最大の海運会社であるフレンチ・ライン社は総トン数七万九〇〇〇トン、全長三一四メートル、全幅三六メートルという巨大客船の建造を進め、一九三五年五月に完成させ

ノルマンジー

た。建造計画が持ち上がったころは経済的な国の援助の問題がこじれ、竣工までには四年半の歳月を要したが、完成した客船は流行の最先端を行く流線型デザインを随所に取り入れた、それまでのどの客船とも一線を画する流麗な姿であった。

巨大客船の船名はノルマンジーとされた。完成当時の本船の総トン数は七万九二八〇トン（後の改造で総トン数は八万三四二三トンに増加している）で、主機関には最新鋭のターボ・エレクトリック機関が搭載されていた。蒸気タービンで発電機を回し、発生した電力でモーターを回転させスクリューを回転させる方式である。蒸気タービン機関の合計出力は一六万五〇〇〇馬力という大出力であり、当時のいかなる軍艦も商船も搭載していなかった強力なものであった。

本船の船体設計には最新の流体理論が導入され、船体が造り出す造波抵抗の軽減に応用されたのであった。船首の水面付近の断面形状はナイフのような鋭い鋭角に仕上がり、水面下には球状船首（バルバスバウ）が採用されていた。

一九三五年五月二十九日、ノルマンジーはただちにニューヨークへ向けての処女航海に旅立った。このとき西航での平均速度は二九・九四ノット、帰りの東航では三〇・三五ノット（時速五六・二キロ）を記録し、世界で初めて三〇ノットの速力を記録した商船となったのである。そしてフランスの海運史上に初めてのブルーリボンの栄冠をもたらしたのであった。

ノルマンジーが世界の船舶史上不滅の存在となったのは、その巨大さや速力ばかりではなかった。船内の船客用公室の装飾の出来栄え、とくに一等船客用公室の完成度は群を抜く仕上がりであった。当時のフランスの著名な芸術家の最大限の協力を得ているのである。一等公室の柱には本物の大理石が使われ、各公室の壁面を飾る壁画には日本の金泥装飾技法がふんだんに採用されており、後に本船が改造されるに際し取り外された壁画の一部はニューヨークのメトロポリタン美術館の壁面を飾ることになった。また同じく配置されていた多くの家具や調度品は戦後に競売にかけられ、現在でもヨーロッパ各地で住宅やホテルで散見できるのである。

その後、ノルマンジーはイギリスが完成させた同じく八万総トン級の高速巨船クイーン・メリーとの間で、抜きつ抜かれつの速度競争を展開したが、国際情勢の不安から自然消滅となってしまった。そして第二次世界大戦に突入し、ノルマンジーは悲劇的な運命を迎えたのである。

ノルマンジーは戦争の勃発直後にニューヨーク港に退避した。しかしフランスの降伏により本船はアメリカの手に渡ったのである。

一九四一年十二月、アメリカ海軍は当初ノルマンジーを航空母艦に改造する計画を持っていたが運用面での問題もあり、兵員輸送船に改造することになった。そしてニューヨーク港のフレンチ・ラインの専用栈橋に停泊したまま工事に入ったが、一九四二年二月、作業員の不始末からアセチレントーチの火が周辺に積み重ねられていた撤去品に燃え移り火災となったのである。厳寒のニューヨーク港での消火活動は困難を極め、船内には消火の海水が溜まり、船体はついに横倒しになったのであった。

ノルマンジーは上部構造物が撤去されて浮揚したが、戦争終結後にそのまま解体されたのである。ノルマンジーの華麗な女王の生涯はわずか四年で、その最後は悲劇であり、どこかマリー・アントワネットを連想させるものがあったのである。

34 クイーン・メリー（QUEEN MARY）

大西洋の三〇ノット競争の栄冠獲得

高速客船モーリタニアのブルーリボンの栄冠が一九二九年にドイツのブレーメンに奪取されて以来、イギリスは高速客船競争から退いていた。しかし栄光をふたたび勝ち取る気概は残されていたのだ。キュナード・ライン社は一九三四年に本格的なブルーリボン奪還計画を実現させようとしていた。それは八万総トン、三〇ノットの超大型高速客船の建造の推進であった。

折からの世界的な経済不況の中、イギリスもその例外ではなく、同社は建造資金の見通しが立たずにいたが、その後の交渉で政府から資金援助の確約をとりつけ、巨船の建造を開始したのであった。

本船の名前はクイーン・メリー、一九三六年四月、イギリスの名門造船会社ジョン・ブラウン社のクライドバンク造船所で完成した。フランスの巨船ノルマンジーに遅れること一年であった。

クイーン・メリーは総トン数八万一二三五トン、全長三一〇・五メートル、全幅三六メートル、その大きさはノルマンジーと拮抗していた。しかし本船の基本設計はノルマンジーよ

クイーン・メリー

り早く開始していたために、随所に旧来の構造やデザインが散見された。その外観はノルマンジーの現代的な流麗さとは対照的に、保守的かつ質実剛健なスタイルとなっていた。ただ主機関は四基合計出力二〇万馬力の蒸気タービン機関を搭載し、船主は本船が四軸推進で三一ノットの速力が確保できると確信していたのである。

一九三六年八月、クイーン・メリーはサウザンプトン港を出港し、ニューヨークへの処女航海に旅立った。そしてこのときの西行きの航海で平均速力三〇・一四ノット、帰りの東行きで三〇・六三ノット（時速五六・七キロ）を記録したのである。ライバルのノルマンジーにわずかの差で勝利をつかみ、念願のブルーリボンの奪還に成功したのであった。

その後、本船とノルマンジーは第二次大戦勃発の前年まで、抜きつ抜かれつのスピードレースを展開したのであった。そして一九三八年八月にクイーン・メリーは西航で三〇・九九ノット、東航で三一・

六九ノット（時速五八・七キロ）を記録し、僅差でブルーリボンの栄冠を保持したのである。しかしこの後は世界的な政情不安の中、ブルーリボン競争は実質的に中断されることになり、その復活は永遠に閉ざされることになったのであった。

クイーン・メリーの姉妹船のクイーン・エリザベスは、第二次大戦勃発後の一九四〇年二月に完成した。本船はクイーン・メリーより総トン数がわずかに大きいが、主機関はまったく同じであった。

クイーン・エリザベスは完成すると公試運転も行なわず、ドイツ空軍の空襲から避難するためにニューヨークに向かい、そのまま同港で係留されたのである。クイーン・エリザベスが速度記録に挑戦することはその後一度もなく、本船の最高速力が確認される機会はその後も訪れることはなかったのであった。

クイーン・メリーとクイーン・エリザベスは姉妹船であるが、クイーン・メリーは煙突が三本であるのに対し、クイーン・エリザベスは二本であることで両船の識別ができる。クイーン・メリーの三本目の煙突は外観を整えるための、本来は機能を持たないダミー煙突であり、クイーン・エリザベスではそれを撤去したことに違いがあった。

両船はイギリス戦時政府の徴用を受けると、ただちに兵員輸送船としての任務につくことになった。これら改装工事はオーストラリアのシドニーの海軍工廠で実施された。工事に際し船内の各等公室と船室の家具・調度品の一切が運び出され、そこに士官兵用のキット化された簡易式ベッドが配置されたのである。一等船室の多くは士官用居室に、また二、三等船室や各等の公室は下士官兵用の居住区に転用された。

このとき配置されたベッドは、士官用ベッドはスチール製の二段式ベッドでマットレスが敷かれ、下士官兵用のベッドは三段から五段式の折畳み式簡易ベッドとなっていた。このベッドは幅六〇センチ、長さ一九〇センチの鉄枠にキャンバスを張り、これを支柱に三段または五段に重ねてキット化したものである。

また各等のダイニングルームは既存のテーブルや椅子はすべて撤去され、そこに長い簡易式テーブルと長椅子が配置されて将兵用の食堂としたのである。食堂ではカフェテリア方式が採用され、各人が持参する配食プレートに食べ物を受け取り、手際よく食事がとれるようになっていた。

両船は大戦後半のヨーロッパ侵攻作戦に際しては、アメリカ陸軍兵力の輸送船の主力となって活躍したが、このとき両船はそれぞれ一度に一万五〇〇〇名（陸軍歩兵一個師団相当）の将兵を運ぶことができたのである。

この二隻は二八ノットの連続高速航海が可能であったために、護衛艦艇の随伴は不可能で、つねに航海は単独航行であった。

両船はともに戦後の一九四七年に整備を終え、ふたたび北大西洋航路の旅客輸送に復帰した。しかし一九六〇年代に入ると大陸間の大型旅客機による航空路が活発化し、一九六八年をもって北大西洋の旅客船の配船はほぼ消滅した。

一九六七年にクイーン・メリーはアメリカの事業団体に買収され、ロングビーチに係留されてホテルシップ兼海事博物館として活用されることになった。クイーン・エリザベスは香港の事業主に買収され、洋上大学兼クルーズ船の改装を受けていたが、一九七二年に船内火災で全焼、全損となり、その後、解体された。

35「金剛丸」

日本国有鉄道の関釜連絡航路専用の高速連絡船

「金剛丸」は鉄道省が山陽本線の下関と朝鮮鉄道局京釜線の釜山を結ぶ関釜連絡航路の輸送力増強を目的に建造した連絡船である。「金剛丸」は鉄道車両を搭載せず、旅客のみの輸送を行なう客船型の連絡船であった。関釜連絡航路は日本と朝鮮、満州を結ぶ重要な動脈で、とくに旅客の輸送に重点が置かれていた。

（注）日本と満州を結ぶ海路には、他に大阪・神戸と満州の大連港を結ぶ航路と、新潟・敦賀と朝鮮北部の清津や羅津を結ぶ航路があったが、人員の移動に最も便利なのは関釜連絡船を使うルートであった。

関釜連絡航路は山陽線がまだ国有化される前の山陽鉄道時代の一九〇三年（明治三十六年）に開設されたものであるが、翌一九〇四年の日本の主要路線の国有化にともない、当時の鉄道院が引き継いだ航路である。本航路は年々貨客の輸送量が増し、つぎつぎに旅客専用の連絡船を建造したが、増加の一途をたどり、一九三二年（昭和七年）に満州国が建国されると、さらに急増することになった。

この旅客輸送量の急激な伸びに対し一九三三年に至り、鉄道省は新型の大型客船型連絡船の建造を決定し、早速準備に入ったのである。新しい連絡船は二隻で、設計と建造は三菱造船社の長崎造船所が行なった。

一番船は「金剛丸」、二番船は「興安丸」と命名された。一番船の「金剛丸」は一九三六年（昭和十一年）十月に完成した。

「金剛丸」はそれまでの日本の客船には見られないような流麗な外観に仕上がっていた。本船は総トン数七〇五八トン、全長一二六・五メートル、全幅一七・五メートル、主機関は二基合計最大出力一万七六三二馬力のタービン機関で、二軸推進による最高速力は二三・一九ノット（時速四二・九キロ）であった。これは日本の商船の最高速力であり、二六年後の一九六二年（昭和三十七年）に、日本郵船社が建造した高速貨物船「山梨丸」が二三・六四ノットを記録するまで破られることはなかったのである。

「金剛丸」の完成により、それまでの同航路の所要時間八乃至九時間を八時間またはそれ以下に縮めることが可能になり、本船と翌年に完成した姉妹船「興安丸」により昼夜各一往復の一日二往復の連絡便が可能になったのである。

本船の主機関用の缶は国策に則り、重油専焼方式ではなく石炭燃焼方式であった。このために燃料の石炭の積み込み時間を短縮するために、日本で初めて船舶の給炭設備にベルトコンベアが採用された。また船内の各動力設備の電源をそれまでの直流方式から交流方式に変換し、機能と経済性の向上を図ったのであった。さらに日本の船としては初めて船内が冷暖

金剛丸

房化され、サービスの格段の向上が見られたのであった。

「金剛丸」の設計には当時世界的に流行していた流線型が取り入れられ、船体上部構造物は前部から後部にかけて曲面が多用され、二本の煙突は後方へ向けての傾斜が付けられるという、極めて流麗なスタイルの船に仕上がっていた。

「金剛丸」の船室は最上段のプロムナードデッキにはすべて二名ベッド室の一等船室が配置され、その一角には居室・寝室・浴室を備えた特別室が準備されており、渡航機会の多い皇族や貴族階級用の船室となっていた。

プロムナードデッキの一段下のブリッジデッキには二等船室が配置され、前方には定員八〇名の二段式ベッドの寝室区域があり、後方には女性客を対象とした一〇畳敷きの上質な雑居室が設けられていた。そのラウンジの後方は区分された絨毯敷きの雑居室となっていた。そしてアッパーデッキのほぼ全域は三等船客用の雑居室になっており、さらに一段下のセカンドデッキの後方には、二段ベッドの定員九六名の寝台室が左右に二室配置されていた。本船の船客設備は極めて上質な仕上がりとなっていたのである。

なお余談ではあるが、戦後の一九四七年（昭和二十二年）に天皇陛下が山口県を訪問された際、いまだ戦災の痕をとどめる下関周辺には十分な設備の宿泊所がなかったために、陛下は下関港に停泊していた姉妹船「興安丸」の特別一等船室を仮の宿泊所とされ、一泊されたのである。

「金剛丸」の旅客定員は一等四六名、二等三一六名、三等一三八四名の合計一七四六名で、既存の連絡船の定員の二倍となっており、本航路の旅客輸送に大きく貢献することになったのであった。

（注）その後、関釜連絡航路の旅客数はさらに増加し、これに対応するために「金剛丸」の拡大型の連絡船二隻（天山丸、崑崙丸）を戦時下の一九四二年に完成させ就役させたが、二隻ともに米軍機と米潜水艦の雷撃で失われている。

「金剛丸」は姉妹船の「興安丸」とともに一貫して関釜航路に就航していたが、一九四五年四月以降はＢ29爆撃機による博多湾や関門海峡への機雷の投下が激増し、被害を避けるために寄港地を博多港や山口県の仙崎港に変更していた。しかし一九四五年五月、「金剛丸」は博多湾で触雷し、大量に浸水したのである。本船は沈没を防ぐために近くの海岸にみずから座礁したのであった。

戦後、浮揚されて修理を終えた「金剛丸」は、その後に勃発した朝鮮戦争で連合軍に徴用され、連合軍将兵の輸送船として運用されることになった。そしてその間の一九五一年十月、接近していた台風（ルース台風）の激浪の中で五島列島において座礁、船体の浮揚は不可能と判断され、後に現地で解体された。

現在、さいたま市の鉄道博物館に「金剛丸」の八〇分の一の精巧な模型が展示されており、往時の姿を眺めることができる。なお姉妹船の「興安丸」は戦後、中国やソ連からの抑留将兵の輸送に活躍した後、一時東京湾などで遊覧船として運用されていたが、一九七〇年に解体されている。

36 「八十島」「五百島」

知られざる日本海軍二等巡洋艦の数奇な運命

「八十島（やそしま）」と「五百島（いおしま）」は本来、日本の造船所で建造された中華民国海軍向けの、日本海軍でいえば軽巡洋艦に相当する艦であった。その後、日中戦争の際に日本の艦上攻撃機の爆撃で損傷し、日本海軍が修理して所有した艦である。

日本海軍の巡洋艦の区分は、一八九八年（明治三十一年）に定められた一等巡洋艦と二等巡洋艦、そして三等巡洋艦が基本となっている。これは基準排水量七〇〇〇トン以上が一等巡洋艦、三五〇〇トン以上七〇〇〇トン未満を二等巡洋艦、三五〇〇トン未満を三等巡洋艦とするものであった。その後一九一二年に三等巡洋艦の呼称を廃し、七〇〇〇トン未満を二等巡洋艦と呼称することに決まった。

そして一九三四年（昭和九年）からは搭載する主砲の口径により区分されることになり、口径一五・五センチ（六インチ）以下の主砲を搭載する巡洋艦を軽巡洋艦と呼称するようになった。しかし一九四四年、二等巡洋艦という呼称が突然、復活したのであった。

一九三一年と翌年に、中華民国海軍は日本に軽巡洋艦に相当する艦を発注してきたのである。この二隻はそれぞれ「平海（ピンハイ）」と「寧海（ニンハイ）」と命名され、大陸沿岸や揚子江中流域までの哨

平海（八十島）

戒活動に運用される予定であった。「寧海」は一九三二年七月に、「平海」は一九三六年に完成し、中華民国海軍にそれぞれ引き渡された。

日中戦争が勃発（一九三七年七月）した後、二隻は揚子江の中下流域で活動していたが、日本海軍の航空母艦から出撃した艦上攻撃機の爆撃で被弾、航行不能の状態で日本軍に捕獲されたのである。

二隻は基準排水量二五二六トン、全長一〇六・七メートル、全幅一一・九五メートルの船体で、背の高い艦橋と同じく背の高い煙突を備えた重心点の高い艦であった。艦自体は小型であるが武装は強力で、一四センチ連装砲塔を艦首側に一基、艦尾側に二基、艦中央部両舷に五三センチ連装魚雷発射管各一基が搭載されていた。また八・八センチ高角砲二門と五七ミリ速射砲四門が装備された。主機関は合計最大出力九五〇〇馬力の三衝程レシプロ機関二基で、ボイラーは石炭専焼方式で最高速力は二二ノットであった。

二隻は浮揚後佐世保まで曳航され係留されていたが、その後一九四四年、トップヘビーな構造の改造と兵装の変更が行なわれたのである。日本海軍はこの二隻を護衛艦として運用する計画だったのだ。このときの改造で高い艦橋や煙突は短縮され、搭載していた一四センチ連装砲は撤去され、一二センチ単装高角砲二門と置き換えられた。また対空火器類は二五ミリ連装機銃二基と三連装機銃五基を搭載し、魚雷発射管は撤去された。そして艦尾甲板には爆雷投射器と爆雷が配備され、護衛艦としての体裁を整えて護衛艦隊司令部に配属されたのである。

改造を終えた両艦は、元「平海」は海防艦「八十島」に、元「寧海」は海防艦「五百島」と艦名も艦種も変更されたのだ。

両艦は重心点の高さから必ずしも外洋航海向きの護衛艦ではなかったが、護衛艦艇の絶対的な不足から小笠原諸島や硫黄島方面へ、ときにはフィリピンへの船団護衛に用いられていた。

「五百島」は一九四四年九月、伊豆七島八丈島沖で米海軍潜水艦の雷撃で沈没した。その直後に艦種呼称の変更が行なわれ、残った「八十島」は海防艦から二等巡洋艦に改められたのであった。ところがそれからまもない十一月、「八十島」は船団護衛中にルソン島西方で米潜水艦の雷撃を受けて沈没した。復活した二等巡洋艦の呼称は、何も実績を残すことなく再び消滅したのであった。

37「橘丸」

様々な船歴を体験した華麗なる長寿の小型客船

「橘丸」は東海汽船社がまだ東京湾汽船社と称していた頃に建造された、伊豆大島航路用の小型客船である。伊豆大島は伊豆七島の中で最も北にあり面積が最大の火山島で、東京からは一二〇キロの位置にある。

伊豆大島は島の中央にある標高七五八メートルの活火山の三原山が有名であり、ときどき噴火をするが、自生の椿に囲まれた温暖な島で、多くの住民が暮らしている。大島をはじめ伊豆七島には従来から人々が生活を営み、東京や房総半島、あるいは伊豆下田などからの定期船の便が設けられていた。しかしこれらの定期船は多くが個人経営の小規模海運会社によって配船されていた。昭和に入りこれら中小汽船会社を統合し東京湾汽船社が設立されると、同社は東京を起点に伊豆七島や伊豆下田へ向かう定期航路用の小型客船や貨物船の建造を行なったのである。

一九二三年（大正十二年）に詩人野口雨情が大島の南にある波浮港を題材にした「波浮の港」の詩を世に送り出し、その後レコード発売されて大ヒット曲となった。そして港見物を目的ににわかに大島観光ブームが沸き起こったのである。しかもときどきの噴火がそれに色を添え、観光ブームは一向に収まる気配がなかった。そうした最中に、世をはかなんだ東京の女学生が三原山火口に身を投じるという事件が起きたのである。この事件は連鎖反応となって、つぎつぎと投身する若者が増え、この猟奇的な話題が大島観光にさらに拍車をかけることになったのであった。

観光客の輸送が限界に達した東京湾汽船社は、より大型の七〇〇総トン級の客船「菊丸」や「桐丸」、さらに「葵丸」を建造し観光客の輸送につとめた。

しかし、その後も大島観光ブームは続いており、同社は一九三四年（昭和九年）により大型の「橘丸」の建造に踏み切ったのであった。本船の設計と建造は三菱造船社の神戸造船所が担当し、一九三五年五月に「橘丸」は完成した。総トン数一七七二トン、全長七六・二メートル、全幅一二・二メートルの船体のデザインには当時世界的な流行になっていた流線型が多用され、曲面を多く採用した流麗な姿の船として登場した。「橘丸」に乗りたい観光客も増加の一途をたどったのである。

「橘丸」は「菊丸」や「桐丸」などと同じく、当時としては珍しい船室に等級を設けないモノクラス制を採用しており、船室のグレードにより運賃を区分し、食堂は全客共通使用としていた。その船室区分は「二人用ベッド室」「少人数用和室」「ロマンスシート席（二人掛け）」「小区分雑居室」「大人数雑居室」の五区分となっていた。

航海時間は最大でも東京と大島間は七時間半程度であり、東京午後十時三十分発、ゆっくり航行して大島・岡田港に翌午前六時着であった。船内の設備は適度な仮眠時間が持てる遊

橘丸

覧船的なものとなっていた。なお大島発は午後二時で東京着は午後八時であった。また大島に到着した船は午後の大島発までの間に伊豆下田間を往復するようになっていた。

船内の配置はボートデッキの前端には特別ラウンジがあり、昼航の場合の最上等客室となっていた。その下のブリッジデッキの前半はロマンスシート席となっており、その後方は両舷に分かれて二人用ベッド室と少人数用和室が並んでいた。一段下のメインデッキは小区分雑居室、セカンドデッキの後方は大人数雑居室となっており、船首側は共通使用の食堂であった。

「橘丸」は完成後ただちに大島航路に配船されたが、その流麗なスタイルがさらなる人気を呼び、大島観光ブームは衰えることがなかった。

しかし一九三八年（昭和十三年）六月、「橘丸」は海軍に徴用された。その任務は中国揚子江流域で戦う海軍陸戦隊と砲艦隊のための病院船であった。本船は必要な改装を終えると揚子江に派遣されたが、任務についたわずか一ヵ月半後に中国空軍の爆撃機が投下した爆弾で船底を損傷、着底したのであった。

「橘丸」はその後浮揚され、修理の後徴用解除となり東京湾汽船社にもどされ、伊豆大島航路に復帰したが、一九四一年三月にこんどは陸軍の徴用を受けることになった。本船は陸軍病院船の指定を受け、中国戦線からの傷病兵の日本への輸送を担当することになったのである。そして太平洋戦争の勃発とともに本船はフィリピン、蘭印、ニューギニア北岸をめぐり、拠点病院までの陸軍傷病兵の輸送任務についたのであった。

一九四五年七月、蘭印海域で陸軍部隊の輸送に「橘丸」が使われるという事件が発生した。同船の行動を監視していた米海軍艦艇による強制査察が行なわれ、病院船任務違反行為として拿捕されたのである。

それからまもない戦争終結により「橘丸」は釈放され日本に帰還できたが、戦後の一時期には新たに中国方面からの残留将兵の帰還任務についたのであった。

復員輸送が終了した「橘丸」は船内の修理を行なった後、一九五〇年（昭和二十五年）から再び古巣の大島航路に就航することになった。以来、東海汽船社（一九四二年、社名変更）のフラッグシップとなって長い間活躍した「橘丸」も、新しく建造された新型観光船の充足にともない、老朽化のため一九七三年に解体された。まさに波乱万丈の客船としての三八年の生涯であった。

38「第三図南丸」

沈没から蘇る特異な経験をした南氷洋捕鯨母船

「第三図南丸」は一九三八年（昭和十三年）九月に竣工した日本水産社の南氷洋捕鯨母船である。本船は一九五〇年代中頃に二万総トン以上の油槽船が完成するまで日本最大の商船であった。「第三図南丸」はその前年に完成した「第二図南丸」とは姉妹船である。

「第三図南丸」は総トン数一万九二〇九トン、全長一六八・九メートル、全幅二二・六メートル、主機関は最大出力八二〇〇馬力の排気タービン付き三衝程レシプロ機関で、一軸推進による最高速力は一四・一ノットであった。

捕鯨母船は捕鯨船（キャッチャーボート）六乃至八隻と船団を組み、南氷洋で捕鯨漁を行なう船である。捕鯨船が捕獲したクジラは母船の船尾に開かれた搬入口からウインチで甲板に引き揚げられ、そこで解体され、分けられたクジラの各部位は一段下の甲板の加工工場に送り込まれ、鯨油の搾油や鯨肉処理が行なわれるのである。

そのために上甲板は厚い板張り甲板（一種のまな板）になっており、その下の第二甲板は搾油工場と鯨肉処理工場になっているのである。鯨油は主にクジラの皮および皮膚下の厚い脂肪層や内臓からとられ、その他の部位は処理工場で鯨肉加工されて、定期的に随伴する冷凍運搬船に移すのである。また骨なども解体され加工品の材料として冷凍船に送り込まれた。捕獲されたクジラは無駄なく処理するのが日本の伝統的な捕鯨漁なのである。

ここで搾油された鯨油は加工工場直下の大容量の鯨油タンクに貯蔵されるのであるが、このタンクの容量は一万五〇〇〇トン以上が貯蔵できるようになっていた。そこで漁期以外には捕鯨母船は石油タンカーとしての機能も持ち合わせることになり、一般の油槽船とともに原油の輸送に使うことができるのである。

海軍にとって捕鯨母船は極めて機能性の高い利用価値のある船舶であった。有事に際しては、第二甲板の工場の機械類をすべて撤去すれば、そこは広大な貨物倉として用いることができた。また鯨油タンクは艦艇の燃料油の輸送、艦艇の拠点基地での移動式燃料タンクとして使えるのである。

「第三図南丸」は完成後三回の南氷洋捕鯨に出漁したが、一九四一年十月に海軍に徴用された。海軍の本船の運用目的は特設油槽船ではあるが、根拠地隊への資材輸送とともに、占領した南方の石油基地からトラック島などの艦艇集結地への燃料油の輸送、そして基地での臨時の燃料タンクとしての機能を発揮させるためであった。

「第三図南丸」は占領したボルネオ島のタラカンなどの石油産出地から、燃料油をトラック島に輸送する任務と同基地での艦艇用燃料の供給設備の双方の任務を負わされたのである。

そうした最中の一九四三年七月、「第三図南丸」はトラック島近海で米潜水艦の雷撃を受けたのであった。このとき本船には合計一二本の魚雷が命中した。しかしその中で爆発した

第三図南丸

のは二本のみで、その他の魚雷は水面下の舷側に突き刺さったまま不発となっていたのであった。「第三図南丸」はその状態でトラック基地に引き返し、工作艦の手により修理が行なわれ再び任務に復帰している。この頃の米海軍の魚雷はまだ機能不全のものが見られ、本例はその最たるものとして米軍側の記録にも残されたほどで、一つの喜劇の記録でもあったのだ。

その後、一九四四年二月十七日、トラック基地は米海軍機動部隊の艦載機による猛攻撃を連日にわたって浴びたのである。このとき「第三図南丸」は爆弾と魚雷攻撃を受けて浅海に沈んだのであった。

終戦直後、占領軍最高司令部（GHQ）は日本人の動物性タンパク質の絶対的不足を考慮して、一九四六年（昭和二十一年）に南氷洋捕鯨を許可した。このとき運用できる捕鯨母船はなく、各漁業会社は大至急で戦時標準型の大型油槽船を特設の捕鯨母船（「橋立丸」や「錦城丸」など）に仕立てて捕鯨を再開した。しかし捕鯨環境は厳しく、このような船での操業には限界が生じたのであった。これに対し大洋捕鯨社は一万七〇〇〇総トン級の「日新丸」を建造したが、日本水産社はトラック島に沈んだ「第三図南丸」を捕鯨母船としての復旧を検討し実行に移したのだ。

一九五一年三月、「第三図南丸」の浮揚は成功し、ただちに日本まで曳航され、突貫の修復工事が開始された。改修は同年十月には完了し、本船はこの年の戦後の第六次南氷洋捕鯨の日本水産社の捕鯨母船として出港したのである。このとき「第三図南丸」の船名は「図南丸」に変更されている。

戦後の食糧難時代が続く中で、「図南丸」の捕獲した大量のクジラ肉は当時の多くの日本国民にとっては忘れることのできない食料であったのである。本船は一九七一年に老朽化のために引退し、解体された。

39「地領丸」

南極観測船に変身した数奇な運命の貨物船

「地領丸」は後に南極観測船「宗谷」として活躍した船である。「地領丸」は本来、ソ連の極東の北方海域での貨物輸送に使うために建造された貨物船であった。しかしソ連側の事情により完成しながら引き取りが中止され、そこで日本側が運用することになったことで本船の歴史が始まるのである。

「地領丸」は一九三六年（昭和十一年）にソ連通商代表部の発注を受けて建造された三隻の中型貨物船の一隻である。これらは運航が予定される主な海域がオホーツク海であるために、船首は砕氷構造、舷側水面下も耐氷構造として建造された。

三隻は一九三七年に進水したが、その後の状況の変化によりソ連側が引き取りを中止したのである。結局これら三隻は長崎県の川南工業社香焼島造船所で完成させ、それぞれ「天領丸」「民領丸」「地領丸」として日本の海運会社が引き取ることになった。ただその中の三番船の「地領丸」は日本海軍が購入することになったのである。

海軍がこの船に興味を示したのは、本船には当時最新のイギリス製の音響測深儀が搭載されていたことであった。海軍は本船を特務輸送艦とすると同時に、測量艦としても運用する考えを持っていたのである。

「地領丸」は一九四〇年、海軍に購入されて艦名は「宗谷」と定められた。「地領丸」の規模は総トン数二二二四トン、全長八二・三メートル、全幅一二・〇メートル、主機関は最大出力一四五〇馬力の三衡程レシプロ機関で、最高速力は一二・一ノットであった。本船の船首水面下の砕氷構造は五〇センチ厚の氷海の連続航行が可能だったのである。

特務艦「宗谷」となった「地領丸」は太平洋戦争の勃発後は測量艦として運用され、一九四二年三月のソロモン諸島方面への進出に際しては、ニューブリテン島やニューアイルランド島周辺の測量を実施し、とくにラバウル湾周辺の測量が詳細に行なわれ、同湾への航路の開拓に活躍したのである。さらにソロモン諸島各水域や新たに進出した離島周辺の測量を行ない、その後の海軍陸戦隊の拠点基地設置に際しての資料の収集に務めた。

一連の測量活動が終了した後、本艦は輸送艦として運用されたが、この間敵潜水艦の雷撃を受けているが幸運にも被雷することはなかった。

終戦時、「宗谷」は無傷で残存しており、ただちに太平洋諸島や台湾、樺太方面の各地に残留する日本軍将兵の帰還輸送に投入されている。復員任務を終えると、本船は新設された海上保安庁に委譲され、一九五〇年（昭和二十五年）、全国の灯台保守と補給を任務とする灯台補給船「宗谷」として活用されることになったのであった。

その後、一九五七年から翌年にかけて実施される、世界的な事業である国際地球観測年に日本も参加することになり、その一環として実施される南極での観測活動を実施する南極基

地領丸

地の建設のため、その人員や物資の補給のための輸送船として本船が指定されたのである。

　このとき南極観測船の候補として本船と元鉄道省の稚泊連絡船「宗谷丸」（総トン数三五九三トン）が候補に挙がり検討されたが、「宗谷」の方が船齢が若く必要な改造工数が少なくてすむなどの理由で採用されたのである。

「宗谷」は主機関、砕氷能力の強化やヘリコプターの搭載設備、さらに船内設備の充実などの改造を受けることになった。そして第一次南極観測のために越冬観測隊員を乗せ一九五六年十一月に東京港を出港し、翌年一月二十九日に、日本の南極観測基地建設予定地のリュッツオホルム湾のオングル島に接岸、昭和基地の建設に成功したのである。

「宗谷」は第六次観測の一九六一年十月の南極派遣まで活躍したが、昭和基地の規模拡大のためにより輸送力の大きな支援船が必要となり、海上自衛隊が建造した南極観測支援艦「ふじ」の完成によりその任務は終了することになったのである。

　この間「宗谷」は三度の改造を経ているが、最終的には原形を留めないほどの改造を受け、最終的な規模は総トン数二七三六トン、主機関は二基合計四八〇〇馬力のディーゼル機関を搭載し、ヘリコプター発着甲板とともに大型ヘリコプター二機を格納搭載する規模にまで拡大されていた。

　本船は南極観測船の任務を離れてからも一般巡視船として、とくに北方海域での巡視と救難活動を任務としていたが、一九七八年（昭和五十三年）に退役した。この間に本船は一二五隻の遭難船の救援に出動し、海上遭難者約一〇〇〇名の救助を行なっている。

　退役後の「宗谷」は一九七九年から東京港有明に建設された「船の科学館」の付属施設として見学の対象となっている　船内には第一次観測の際に連れていった樺太犬の犬小屋も設置されている。

40「ぶらじる丸」

華麗な姿で一世を風靡した戦前の日本を代表する大型客船

本船（初代「ぶらじる丸」）は一九三九年（昭和十四年）に、優秀船舶建造助成施設という当時の国策の一環として施行された船舶建造助成金を活用して建造された客船である。「ぶらじる丸」は姉妹船の「あるぜんちな丸」とともに移民輸送を主目的にした南米航路用の客船として計画された船であった。

この姉妹船二隻の設計は、当時の大阪商船社の工務部長であった著名な船舶設計者・和辻春樹氏によって進められ、随所に客船設計としては独特な手法が用いられていた。その最たるものは「無舷弧（げんこ）」と「無梁矢（りょうし）」構造であった。これは船舶では必ず見られる船首から船尾の縦方向への独特の弓なりのカーブ（舷弧・シーア）と船体の断面において両舷にまたがる山なりのカーブ（梁矢・キャンバー）を廃止し、直線構造にしたものである。

「舷弧」は船が進むときの凌波性の向上と船体の強度を高めるための工夫とされていたが、大型の船舶ではその効果については疑問があり、「舷弧」をなくしても凌波性能や強度には直接影響はないとされていたのである。また「梁矢」は甲板上に流れ込んだ海水の排水に効果があるとして、木造帆船の時代からの伝統的な構造で、近代的な大型船では意味がないとも考えられていたのである。この双方をなくせば、既存の客船に見られた甲板の歪み・曲面がなくなり、船室や公室の床のゆがんだ違和感から解放されるのである。

和辻氏は本船の設計においてこの両方を排除し、船内の雰囲気を陸上施設と同じ感覚であるようにしたのである（現代の大型客船や貨物船、および油槽船などはすべて「無舷弧」「無梁矢」構造である）。

「ぶらじる丸」は一九三九年十二月に三菱造船社の長崎造船所で完成し、翌年一月に西回りアフリカ東岸経由で南米ブラジルとアルゼンチンに向けての処女航海に向かった。南米を出発後はパナマ運河を経由して日本にもどったが、実質的な世界一周航海となったのであった。このときにはすでに第二次世界大戦が勃発しており、この時点で中立国であった日本は本船の前後の船腹に大きな日章旗を描き、攻撃対象国でないことの意思表示としていたのである。「ぶらじる丸」は総トン数一万二七五二トン、全長一五五・五メートル、全幅二一・〇メートル、主機関は二基合計最大出力一万七九六二馬力のディーゼル機関で、最高速力は二一・四ノットを発揮した。

本船の旅客定員は一等一〇一名、特別三等一三〇名、三等六七〇名の合計九〇一名となっていた。この中で三等船客は移民が対象で、船尾側の第二甲板に組み立て式のスチール製の二段ベッドを密集して設置した。甲板ハッチカバーの上には折り畳み式の長テーブルと長椅子を配置し、移民客はここを食堂兼娯楽室として使用していた。なお第二甲板の三等船客用の組み立て式ベッドは、南米航路の復航に際しては、すべて解体されると、そこは貨物倉に

ぶらじる丸

転用できるようになっていた

特別三等は三等より運賃は高くなるが移民客も利用できる船室で、六乃至八名の二段ベッドの区分室となっていた。また特別三等船客用には専用の喫煙室も配置されていた。

本船の一等船客設備は豪華で、喫煙室、ラウンジ、ダイニングルーム、読書コーナー、展望ラウンジなどが設けられ、一乃至二名室で一部の船室は浴室付きとなっていた。

本船で用いられたように優秀船舶建造助成施設の適用を受けて建造された船舶は、有事に際しては軍の徴用を受ける絶対の条件が付いていたのである。つまり建造に際しては艦政本部の指導が入り、建造する船舶についてはあらかじめその運用目的が決められていたのであった。

「ぶらじる丸」と「あるぜんちな丸」は有事の際には航空母艦に改造する計画のもとで建造されており、設計では航空母艦への改造に都合の良い船内構造や配置がとり入れられていたのであった。たとえば船体前後の船倉のハッチの位置と将来的な航空機運搬用のエレベーター位置を同じとする、改造工事が容易にできるような簡潔な直線的船内配置、被雷対策としての機関室の構造や二重壁の設置などである。

国際情勢の悪化から「ぶらじる丸」は南米西回りの第三回目の航海を最後に南米航路での運航は取りやめられた。本船は、その後一時期、神戸・大阪と満州の大連を結ぶ航路に配船されたが、一九四一年九月に姉妹船「あるぜんちな丸」とともに海軍に徴用され、特設運送船としての任務につくことになった。

一九四二年六月のミッドウェー海戦における日本海軍の主力空母四隻の喪失の衝撃は大きく、ただちに商船改造の特設航空母艦の改造工事が進められることになった。これにともない「あるぜんちな丸」が改造工事に入り、「ぶらじる丸」は任務の続行上、工事開始が遅れていた。

八月五日、「ぶらじる丸」は任務を終えてトラック島基地から横須賀へ向けて帰投する途上、トラック島北方海上で米潜水艦の雷撃を受け沈没した。

本船の喪失により、その代替船として俎上に上がったのが大戦勃発直後から神戸港に係留されていた、ドイツ極東航路用の客船シャルンホルスト（総トン数一万八一八四トン）であった。シャルンホルストはドイツとの交渉の後、日本海軍が購入するところとなり、特設航空母艦「神鷹」として完成したのであった。

「ぶらじる丸」と姉妹船「あるぜんちな丸」は、日本の客船史上に残る名船とも称されているが、「ぶらじる丸」はわずか四年間存在しただけであった。

41 リットリオ（LITTORIO）

イタリア海軍最後の最大戦艦、母国で解体される

リットリオはイタリア海軍のリットリオ級戦艦の一番艦で、一九四〇年五月にジェノヴァのアンサルド造船所で完成した。本級は四隻よりなるはずであったが、二番艦ヴィットリオ・ヴェネト、三番艦ローマは完成したが、四番艦インペロは未完に終わっている。

本艦の基準排水量四万三八三五トン、全長二三七・八メートル、全幅三二・九メートルの規模はイタリア最大の戦艦であった。本艦は長船首楼甲板式船体で、三八センチ三連装砲塔三基、一五センチ三連装砲塔四基を搭載し、主機関は最大出力一四万馬力のタービン機関で最高速力三一・五ノット（時速五八・三キロ）を発揮した。

また、本艦の装甲は舷側三五〇ミリ、砲塔二九〇〜三五〇ミリ、水平甲板が三六〜一六二ミリとなっており、武装、防御、性能ともにイギリスの最新型戦艦キング・ジョージ五世級やフランスのリシリュー級戦艦と大きく変わるところはなかった。

リットリオと二番艦のヴィットリオ・ヴェネトはイタリアの第二次大戦参戦の直前に完成し、イタリア艦隊の旗艦の位置にあったが、参戦半年後の一九四〇年十一月に行なわれたイギリス空母イラストリアスの艦上攻撃機によるタラント空襲の際、リットリオは三本の魚雷

リットリオ（改名後イタリア）

を受け大破し、港内に着底したのである。そして修理に五ヵ月を要し現役に復帰した。

その後本艦はイギリス地中海艦隊との主力艦同士の砲撃戦の機会はなかったが、イタリア海軍による北アフリカ補給作戦に際し、これを阻止するイギリス海軍巡洋艦戦隊などと砲撃戦を散発したが、これも大規模な海戦となることはなかった。しかしその間にマルタ島を基地とするイギリス空軍機の雷撃により被雷、損傷している。

一九四三年九月八日、イタリア軍と連合軍との間で休戦が成立するのにともない、イタリア海軍の主力艦は連合軍側に降伏すべく、イギリス軍の拠点基地であるマルタ島に向かってラ・スペチア軍港を出港したのであった。

ドイツ側はこれを阻止すべく、フランス南部に駐留していたドイツ空軍の特別攻撃隊が出撃したのであった。この部隊は誘導爆弾ヘンシェルＨｓ２９３を装備するドルニエＤｏ２１７爆撃機編成の爆撃隊であった。同爆撃隊の攻撃隊は南下するイタリア艦隊に向かい誘導爆弾攻撃を決行したのだ。この攻撃で戦艦ローマは二発の直撃を受け爆沈、リットリオは前部主砲右舷側甲板に命中爆発した。しかし本艦は沈没はまぬかれ、マルタ島のイギリス海軍基地に到達し、その後、戦争の終結を迎えたのである。

リットリオは戦後、アメリカに対する賠償艦として引き渡される予定であったが、一九四八年にイタリアで解体された。

42 ビスマルク（BISMARCK）
宿敵との闘いの果てに最期を迎えたドイツ最大の戦艦

戦艦ビスマルクは第二次大戦勃発後の一九四〇年八月に、ハンブルクのブローム&フォス社の造船所で完成した。基準排水量四万一七〇〇トン、満載排水量五万四〇五トンの本艦は、三八センチ（一五インチ）三連装砲塔三基、一五センチ連装砲塔六基を搭載するヨーロッパ最強の戦艦となったのである。

ビスマルクは三基合計最大出力一五万一七〇馬力の蒸気タービン機関、三軸推進で最高速力三〇・八ノットを記録した。その装甲は舷側三二〇ミリ、砲塔三四〇〜三六〇ミリ、司令塔三六〇ミリ、水平甲板五〇〜一二〇ミリであった。また航空装備としてカタパルト一基、水上偵察機四機を搭載している。

本艦の際立った特徴として強力な対空火器がみられる。一〇・五センチ連装高角砲八基、三七ミリ連装高射機関砲八基、二〇ミリ四連装機関砲二基、二〇ミリ単装機関砲一二門が搭載されていた。

ビスマルクは完成後、バルト海で試運転を行なっていたが、やがて大西洋への出撃の準備に入った。それは大西洋におけるイギリスの通商破壊を行なう作戦名「ライン演習」であっ

ビスマルク

た。この作戦を実行するために最新鋭の重巡洋艦プリンツ・オイゲンとともに大西洋に出撃したのだ。そして作戦終了後は占領したフランスの大西洋側の基地ブレストに向かう計画であった。

ビスマルクとプリンツ・オイゲンは、一九四一年五月十八日にバルト海側のゴーテンハーフェンを出撃し大西洋に向かった。しかし両艦がノルウェーとデンマークを隔てるスカーゲラク海峡を通過中にイギリスの諜報員の発見するところとなり、情報はただちに英本国艦隊のスカパフロー基地に通報された。

イギリス海軍はこの情報を受けると、英本国艦隊の総力を挙げての迎撃を命じたのである。しかしその直後、この二隻の消息が一時途絶えたのだ。イギリス艦隊はこの二隻の発見に全力をつくしたのである。グリーンランド島とアイスランド島の間のデンマーク海峡を南下する艦隊が発見されると、英本国艦隊は巡洋戦艦フッドと最新鋭の戦艦プリンス・オブ・ウェールズを含む戦隊を急行させたのであった。

戦艦ビスマルクとフッドおよびプリンス・オブ・ウェール

ズの間で火ぶたが切られた。そして砲撃戦が開始されて間もなく巡洋戦艦フッドはビスマルクの主砲弾の直撃を弾火薬庫に受けて爆沈、戦艦プリンス・オブ・ウェールズも被弾し戦場から離脱したのであった。

イギリス海軍は急遽、H部隊（ジブラルタル艦隊）を会敵推定海域に派遣した。そして再び発見されたビスマルクは空母アーク・ロイヤルを出撃した艦上攻撃機の雷撃により損傷、H部隊の主力艦戦艦キング・ジョージ五世とロドネーからの砲撃、さらに駆逐艦隊の魚雷五本以上の命中を受け、満身創痍の状態の後、沈没したのである。この砲撃戦でビスマルクには推定一〇〇発の戦艦の主砲弾が命中したと推定されているのである。

ビスマルク級の二番艦ティルピッツ（TIRPITZ）は、一九四一年二月に完成したが、実戦に投入されたことは一度もなく、ノルウェーのフィヨルド内に退避していた。そして一九四四年十一月十二日、イギリス空軍のランカスター重爆撃機の攻撃を受け、五トン爆弾命中弾三発、至近弾一発でティルピッツは転覆し、戦後に解体された。

43 アメリカ（AMERICA）

アメリカを代表する北大西洋航路の戦前型大型客船

客船アメリカはアメリカのユナイテッド・ステーツ・ライン社が二万総トン級のマンハッタン級客船以来、久しぶりに建造した大西洋航路用の客船である。

本船はウィリアム・F・ギブスの設計による客船であるが、彼は戦後同社の高速大型客船ユナイテッド・ステーツを設計している。そのためにユナイテッド・ステーツは本船の拡大型を思わせるほど、この二隻の外形はよく似ていた。

客船アメリカは総トン数二万六四五四トン（後に三万三九六一トンに拡大された）、全長二二〇・四メートル、全幅二八・四メートル、主機関は最大出力三万七四〇〇馬力の蒸気タービン機関で、二軸推進による最高速力は二五ノット以上とされていた。後のユナイテッド・ステーツも同じであるが、設計者のギブスは極端な秘密主義者で、設計する船に関する詳細の公表を嫌い、いずれの船もその最高速力については示されなかった（ユナイテッド・ステーツの最高速力は彼の死後に公表されている）。

アメリカの旅客定員はキャビンクラス五四三名、ツーリストクラス四一八名、三等二四一名の合計一二〇二名であった。

本船の外観上の最大の特徴は煙突にあった。二本の煙突は頂部に丸みを帯びた後方に傾斜した姿で、その頂部には後方に向けてヒレ（鰭）状の整流板が設置され、本船の外観に独特の印象をあたえていた。このヒレ状の整流板は排煙ガスが後部甲板上に流れ落ち甲板を「ガス廃棄物で汚すことを防ぐための装置」とされていたが、実際にはその効果はほとんどなく、単なる飾りでしかなかった。しかしこの飾りが本船の最大の特徴としてその名が知られるようになったのである。なおこの煙突の飾りはユナイテッド・ステーツにも採用され、ギブスの設計を証明するデザインともなっていたのであった。

余談ながら、戦後の一九五四年（昭和二十九年）に日本の飯野海運社が建造した九〇〇〇総トン級の大型貨物船「常島丸」と「康島丸」にも、この同じ形状のヒレが装着されて話題をさらったが、これも単なるデザイン上での一種の遊びであった。

客船アメリカの完成はすでに第二次世界大戦が勃発した後の一九四〇年八月で、ユナイテッド・ステーツ・ライン社は本船を北大西洋航路に配船することはなく、当面の策としてニューヨークを起点にしたカリブ海クルーズに運用していた。この間、同船の船腹には中立国の船であることを明示するために、巨大な星条旗が描かれていた。

一九四一年十二月、アメリカが参戦すると客船アメリカはただちに海軍の管理下で徴用されて兵員輸送の任務につき、船名はウエストポイント（WESTPOINT）に改められた。

海軍に徴用されたアメリカは旅客設備のすべてが運び出され、その代わりにキット化された多数の寝台が積み込まれ、各等船室や公室に配置された。下士官兵用の寝台は鉄枠にキャ

アメリカ

ンバスを張った簡易ベッドが三〜五段に重ねられた多段式で、兵士たちは就寝時はここに毛布をかぶり横たわるのである。少なくとも一人分の空間は確保されている。一方将校用は二段式で幅が若干広く、マットレスが敷かれた寝台となっていた。兵員用には各等の広い公室や二、三等船室が、将校用は一等船室にふり分けられた。

各等の食堂には折り畳み式の長テーブルと長椅子が並べられ、士官も下士官兵もここでカフェテリア式に給食をとるのである。

本船の兵員輸送船としての能力は一度に四〇〇〇名が標準となっていたが、最大五二〇〇名を輸送したことがあった。このときは広いプロムナードデッキにも簡易式寝台が配置されたのである。

兵員輸送船となったアメリカには際立った外観上の特徴があった。その写真を眺めると、プロムナードデッキと一段下のデッキの後方の舷側には数多くの大型のライフラフト（硬質ゴム製の救命筏）が並んで吊り下げられているのである。その数は両舷で合計七六隻に達していた。そしてこれらライフラフトのすべては一本のワイヤで吊り下げられていたのである。船が沈没の危機に遭遇したときにはワイヤが切断され、ライフラフトは一斉に海面に落下し、海に飛び込んだ乗船者がただちに乗り込むことができるようになっていた。このライフラフトだけでも三〇〇〇名の乗船者の命を守ることができるのである。

アメリカに限らず多くの連合軍側の兵員輸送船にはほぼ同様の対策が施され、日本との人命に対する意識の違いに驚くばかりである。太平洋戦争中に日本の兵員輸送船の緊急事態に対する備えとしては、甲板上に木製の筏や角材や竹竿を積み重ね、非常時にはこれらを海面に投げ込み救命具の代用としたのであった。

兵員輸送船ウエストポイントは主に大西洋で活動し、戦争後半のヨーロッパ大陸侵攻作戦が展開されたときには、アメリカ本国からの兵員の大量輸送に活躍した。

本船は戦争終結の翌一九四六年三月に任務を終了すると、客船としての改装準備に入った。そして同年十一月から北大西洋航路で旅客輸送を開始したのである。

しかし一九六〇年代に入る頃から大型旅客機の時代に移行し、客船による大西洋横断は急速に衰退を始めたのであった。

本船は一九六四年にギリシャの海運会社に売却され、主にクルーズ船として運航された後、老朽化のためにホテルシップとしてマレーシアのプーケットに向かう途中、一九九四年に大西洋で遭難し、後に解体された。

44「新田丸」

欧州航路用に建造された日本の戦前最後の傑作客船

本船は日本郵船社が建造した欧州航路用の貨客船である。同社は一九二〇年代（大正九年〜）前半に欧州航路用の客船改善のために、「筥崎丸」「白山丸」など四隻の一万総トン級の貨客船を建造した。その後一九三〇年（昭和五年）には、さらに大型の「靖国丸」と「照国丸」「浅間丸」の三隻を建造し就航させたのである。

しかし一九三五年になるとドイツが極東航路用に一万八〇〇〇総トン級の客船三隻（シャルンホルスト、グナイゼナウ、ポツダム）を建造し配船すると、日本は客船の老朽化が進む中で、欧州航路の旅客輸送は劣勢に陥ることが予想されたのである。

日本郵船社はこの状況を打開するために一万七〇〇〇総トン級の三隻の貨客船を建造し、同航路に配船することを決めたのである。「新田丸」はこの三隻の客船の一番船で、一九四〇年三月に三菱造船社の長崎造船所で完成した。本船は総トン数一万七一四九トン、全長一六八・六メートル、全幅二二・五メートルで、二基合計二万八三五九馬力の蒸気タービン機関により最高速力二二・五ノットを発揮したのである。「新田丸」はその大きさや性能はライバルのドイツ客船とは何ら遜色のない船であったのだ。

本船は当時実施されていた「優秀船舶建造助成施設」の適用を受け建造されたが、この建造予算補助を受けた商船は有事に際しては無条件で徴用され、海軍が建造に際して構想していた特設艦に改造されることが定められていたのである。この三隻の貨客船は設計当初から有事に際しては航空母艦に改造されることが決められていた。

この状況は前出の大阪商船の「ぶらじる丸」や「あるぜんちな丸」とまったく同じで、設計に際して艦政本部の指導が入り、航空母艦に改造するのに適した構造や船内配置が工夫されていたのである。

「新田丸」級三隻は一番船が「新田丸」、二番船が「八幡丸」、三番船が「春日丸」であった。余談ながら、この船名は日本郵船社のアルファベット名「NIHON YUSEN KAISHA」の各文字の最初の文字「N」「Y」「K」に絡めてつけた船名である。なお日本郵船社の貨客船の船名は伝統的に日本の著名な神社の名前を当てはめていたのである。

「新田丸」級三隻の中で貨客船として完成したのは一番船の「新田丸」と二番船の「八幡丸」で、三番船の「春日丸」は建造の途中で海軍に買収され、航空母艦への改造が進められたのであった。

ドイツの北ドイツ・ロイト社が配船したシャルンホルストをはじめとする三隻の客船は、日本郵船社にとっては脅威であった。この三隻はナチスが政権をとってから最初に完成させた大型客船であったために、進水式にはヒトラーをはじめナチスの主要幹部が総出で出席し、この三隻がいかに優れた客船であるかを世界に向けて喧伝したのである。

新田丸

　事実、シャルンホルスト級客船には様々な新機軸が組み入れられていた。その一つが主機関のボイラーであった。これは当時の日本では製作が不可能であった高圧高温のワグナー式ボイラーで、後に本船が日本海軍の航空母艦として改造される際に日本人の手では操作が困難として、海軍艦艇用の標準ボイラーである艦本式ボイラーに改装されるという顛末がある。
「新田丸」級貨客船の設計に際しては、随所にシャルンホルストの船内配置の影響を見ることができた。その中でも特筆すべきものは一等食堂をプロムナードデッキに配置したことである。従来の内外の大型客船の各等の食堂は総じて船体下部の甲板に配置されているが、本船ではシャルンホルストと同じく最上甲板のプロムナードデッキ後方に配置されたのである。これは既存の食堂のように小さな丸窓とは異なり、左右両側が大きな角窓で囲まれるために、室内が極めて明るく快適な空間を演出することになったのだ。
　また「新田丸」の船内装飾は、それまでの欧風装飾とは一線を画した日本風のデザインと技法が採用され、使用された材料は材木を含めすべてが日本産の素材が使われているのである。そこで一際異彩を放ち称賛を浴びたのが、プロムナードデッキからメインデッキに至る三段式の中央大階段の壁画で、磨き上げられた大判の板に長尾鶏が描かれた大胆なものであった。

本船の旅客定員は一等一二七名、二等八六名、三等七〇名の合計二八三名で、一等客室の大半は浴室付きの二人部屋となっていた。二等客室は一名あるいは四名定員の二段式ベッドの室で、「靖国丸」や「照国丸」の一等客室にも相当する上質な仕上げになっていたのだ。また三等客室も四名または八名の二段ベッドの室で、「靖国丸」「照国丸」の二等客室に準ずる造りとなっていたのであった。

特別な設備としては最上甲板に配置された一等船客用のプールがある。この配置は同時期に建造された大阪商船社の「ぶらじる丸」や「あるぜんちな丸」と同じであり、熱帯域の航海で船客の無聊を慰める格好の設備であったのである。

「新田丸」級貨客船には当時の世界のいかなる客船にも採用されていなかった装備があった。それは冷房装置である。

これは一等船室と一等公室、二等公室（ラウンジ、食堂、喫煙室）に配置され、航海の途中で熱帯域を航行する本船の際立ったサービスであったのだ。この装置はシャルンホルスト級客船も未装備で、極東航路を使う日本および欧州の旅客の獲得には絶対的に有利となることが約束されていたのであった。

一番船「新田丸」は一九四〇年に完成したが、当時すでに第二次世界大戦が勃発しており、予定の欧州航路に配船することは不可能になっていた。そこで日本郵船社は本船をアメリカ西岸航路（サンフランシスコ、ロスアンゼルス）に配船したのだ。本船は一九四一年八月の五回目のアメリカ西岸航路を最後に貨客輸送を停止したのである。

二番船の「八幡丸」は完成が遅れ、アメリカ西岸航路に二航海就航した後に係船されたのであった。

「新田丸」は一九四一年（昭和十六年）九月に海軍に徴用され、当初は特設運送艦として海軍陸戦隊の将兵の輸送や同じく各種物資の輸送を行なっていた。まもなく当初の計画どおり特設航空母艦に改造される工事が始まり、一九四二年十一月に航空母艦「冲鷹」として完成した。

本艦の基準排水量は一万七八三〇トンで、飛行甲板の規模は全長一七〇メートル、全幅二三・七メートル、エレベーター二基を備え、一段下の格納庫には合計二七機の航空機の搭載が可能であった。

しかし最高速力は二二ノットと遅く、第一戦で正規航空母艦と同一行動がとれないために、さらに新鋭の艦載機（艦上攻撃機「天山」や艦上爆撃機「彗星」など）を運用することができず、本艦は主に前線基地への航空機の輸送に使われていた。この場合、零式艦上戦闘機であれば四〇機以上、海軍の双発陸上攻撃機や陸軍の双発爆撃機であれば飛行甲板上に一七〜二〇機の搭載が可能であった。

一九四三年十二月、「冲鷹」はトラック島への航空機輸送の帰途、伊豆七島の八丈島沖で米潜水艦の雷撃を受け沈没した。

姉妹船「八幡丸」も「春日丸」もそれぞれ特設航空母艦「雲鷹」と「大鷹」として完成、いずれも航空機輸送や船団護衛用に運用されていたが、二隻ともに米潜水艦の雷撃で撃沈されたのであった。

45「雪風」

数多の激闘をくぐり抜け生き残った強運の駆逐艦

「雪風」は太平洋戦争で活躍した日本の駆逐艦である。戦争の前に日本海軍は新たに甲型駆逐艦（「陽炎」型、「夕雲」型）三八隻を建造したが、幾多の戦闘を経たのちに終戦時に残存したのは「雪風」一隻であった。本艦は戦後に賠償艦として中華民国に引き渡された。そしてその後の二六年間、本艦は同海軍で旗艦もつとめるなど活躍した後、解体された。

「雪風」は大型高速の「陽炎」型駆逐艦の八番艦として、一九三九年（昭和十四年）一月に佐世保海軍工廠で完成した。基準排水量二〇三三トン、全長一一八・五メートル、全幅一〇・八メートルの大型駆逐艦で、二基合計五万二〇〇〇馬力のタービン機関による二軸推進で最高速力三五・五ノットを発揮した。武装は一二・七センチ連装砲塔三基、六一センチ四連装魚雷発射管二基（予備魚雷を含め魚雷一六本を搭載）を搭載し、終戦時には対空火器として二五ミリ三連装機銃五基、二五ミリ単装機銃一四梃を装備していた。

太平洋戦争が勃発した当時、本艦は第二水雷戦隊に属し第五艦隊の中核水雷戦隊の一隻となっていた。第二水雷戦隊の六隻の「陽炎」型駆逐艦は一度に四八本の強力な六一センチ酸素魚雷を敵艦隊に打ち込むことができるのである。

雪風

開戦後の「雪風」の活躍はまさに東奔西走であった。フィリピン上陸作戦の輸送船団援護、スラバヤ沖海戦、ニューギニア北岸上陸作戦、ミッドウェー攻略隊の援護。その後はガダルカナル島の争奪にともなう幾多の海戦、第三次ソロモン海戦、そしてガダルカナル島からの陸軍部隊の撤収作戦、クラ湾夜襲作戦、コロンバンガラ沖海戦、ブーゲンビル島をめぐる海戦、さらにマリアナ沖海戦の援護作戦、レイテ島をめぐる海戦――つまり「雪風」は日本海軍の主要なほぼすべての海戦に参戦しているのである。しかしこの間、本艦は敵の攻撃による大きな損傷を一度も受けていないのだ。

「雪風」の最後の海戦参加は戦艦「大和」の沖縄へ向かう水上特攻作戦の援護であった。しかしこのときも猛烈な敵機の攻撃による被弾は不発ロケット弾と銃撃以外にはなく、「大和」や軽巡洋艦「矢矧」の乗組員多数を救助して帰還しているのである。幾多の海戦でも無傷の「雪風」の存在は奇跡という言葉以外にはない。

終戦時に稼働状態の「雪風」は東南アジア方面に抑留

された日本軍将兵の引き揚げ輸送に従事し、その後一九四八年（昭和二十三年）五月、「雪風」は戦争賠償艦として中華民国に引き渡されることになったのである。このときの「雪風」の状況は乗組員の手によりすべてが整備され、いつでも可動な状況に置かれていたのであった。

中華民国海軍は同国が台湾に移動した後には本艦（「丹陽（タンヤン）」という艦名に改められる）を海軍の旗艦として扱い、その後の中華人民共和国との台湾海峡をめぐる小競り合いに本艦は幾度か参戦しているのである。

そして老朽化が進んだ「丹陽」は一九七〇年に退役し解体されたのであった。本艦の解体に際しては舵輪と錨は海上自衛隊に寄贈され、現在は江田島の海上自衛隊幹部候補生学校の教育参考館と校庭に保管展示されている。

46 プリンス・オブ・ウェールズ（PRINCE OF WALES）

航空攻撃で沈められた英国の誇り高き戦艦

プリンス・オブ・ウェールズは太平洋戦争の劈頭、いわゆるマレー沖海戦で日本海軍の陸上攻撃機の雷爆撃で僚艦の巡洋戦艦レパルス（REPULSE）とともに撃沈された戦艦として、その名が知られている。

プリンス・オブ・ウェールズは五隻建造されたキング・ジョージ五世級戦艦の二番艦として一九四一年一月に完成し、ただちに英本国艦隊に配属された。本艦の基準排水量は三万六七二七トン、満載排水量四万三七八六トンの大型戦艦であるが、主砲は三六センチ砲を搭載している。その主砲の配置は四連装砲塔二基と連装砲塔一基という独特のものである。

本艦はイギリスの名門造船所のキャメル・レアード造船所で建造されたが、本国艦隊に配備された当時は未完の工事個所があり、造船所要員が乗艦して検査と調整を行なっていたのであった。そしてその最中の五月、ドイツ海軍最新鋭巨大戦艦ビスマルクが大西洋に現われ、これを迎え撃つために本国艦隊はただちに旗艦巡洋戦艦フッドとプリンス・オブ・ウェールズを出撃させたのであった。

一九四一年五月二十四日、ドイツ艦隊とイギリス艦隊は北大西洋のデンマーク海峡の南で

プリンス・オブ・ウェールズ

遭遇し、ただちに砲撃戦が展開されたのである。そして砲撃開始直後に巡洋戦艦フッドにビスマルクが放った三八センチ砲弾が命中、弾火薬庫付近で爆発し、一瞬にして沈没したのであった。

プリンス・オブ・ウェールズの艦橋にも一発の砲弾が命中し爆発、艦長を除く同艦首脳部の多くをなぎ倒したのであった。プリンス・オブ・ウェールズの数発の砲弾はビスマルクに命中し損害を与えているが、致命傷にはならなかった。このとき本艦の艦内では、造船所の技術者たちが最終的な点検を行なっている最中であったとされる。プリンス・オブ・ウェールズは直後に戦闘を切り上げ基地に帰還している。その後ビスマルクは、応援に駆けつけたH部隊（ジブラルタル艦隊）の攻撃で撃沈された。

プリンス・オブ・ウェールズは一時地中海艦隊に配属されたが、一九四一年（昭和十六年）八月頃から日本の東南アジア方面への蠢動を警戒し、イギリス東洋艦隊を強化するために、巡洋戦艦レパルスとともに拠点基地であるシンガポールへ移動することになったのであった。レパルスは、基準排水量三万八二〇〇トン、三六センチ主砲六門を搭載する最高速力二八・三ノットの高速艦であった。

両艦がシンガポールに到着したのは一九四一年十二月二日のことである。その直後の十二月七日、日本の輸送船団がマレー半島東部に向かっているとの情報を受け、翌八日の夕方、二隻は急遽シンガポールを出撃し、北部のシンゴラ沖へ向かったのである。その途中、二隻は日本海軍潜水艦イ六五に発見されたのであった。

戦艦二隻が北上の報告を受けた日本海軍は、九日未明にインドシナ半島方面に進出していた海軍の三個飛行隊（元山、美幌、鹿屋航空隊）の陸上攻撃機七五機を、この攻撃のために出撃させたのである。

攻撃隊は爆弾と魚雷搭載の各編隊の混成で、最初にレパルスに対する水平爆撃で開始され、続いて二艦に対する猛烈な雷撃が展開されたのであった。この攻撃でレパルスは爆弾一発命中、魚雷五本命中、プリンス・オブ・ウェールズには魚雷六本、爆弾一発が命中し、二隻ともに沈没したのである。十二月九日午後三時過ぎのことであった。

プリンス・オブ・ウェールズは最初の魚雷命中個所が艦尾水面下の推進器シャフト通路付近で、この爆発によりスクリューシャフトが大きく暴れ出し、水密隔壁などを破壊し艦内への浸水を促進させることになり、以後の艦の操舵が不可能になったのである。

日本との戦端が開かれた直後の戦艦二隻の喪失は、イギリスにとっては極めて深刻な事態とならざるを得なかったのである。

47 リバティー型貨物船（LIBERTY SHIP）

ブロック建造で大量生産されて大活躍した戦時建造貨物船

リバティー型貨物船とは、アメリカが第二次世界大戦中に急速大量建造した戦時設計型貨物船である。アメリカは第一次大戦中において戦時設計型の貨物船を大量に建造した。しかしこの貨物船は、改めて設計された船とは言い難いものであった。つまり、可能な限り建造期間を短縮するために、既存の標準設計型貨物船の一部に簡易構造を組み込んだもので、必ずしも戦時急速建造を目的に設計された船ではなかったのだ。

第二次大戦の勃発直後からイギリス商船隊はドイツ潜水艦の猛攻を受け、商船保有量が急速に減少を始めた。イギリスはこの事態が極めて危険な兆候であると判断し、貨物船の急速建造を展開すると同時に、朋友国アメリカの工業生産力に期待し、アメリカに建造を願い出たのであった。

一九四〇年九月、イギリス政府は「戦時商船建造使節団」を送り込み、アメリカに対し貨物船の建造を依頼したのだ。当時イギリスも独自に戦時設計型の貨物船（エンパイア型貨物船）の建造の準備に入っていた。イギリスはこの船と同一規模の貨物船を、アメリカの商船規格に適合する設計で建造すること、しかも可及的速やかに建造することを要望したのである。

アメリカはこの要求を受諾し、ただちにアメリカ規格に従った貨物船の設計を開始したのである。当時中立の立場にあったアメリカが、戦争に直接関係する武器・艦船を製造して戦争当事国に送り出すことは、中立国の行為としては違反行為にあたるため、この貨物船はイギリスへの「輸出商品」としたのであった。

アメリカは一九四〇年十二月までに、建造すべき貨物船を急速建造が可能な戦時設計型貨物船として仕様・図面を定め、早速、準備に入ったのである。建造される貨物船はイギリスが建造を開始しているエンパイア型貨物船に類似の規模と形状であったが、構造の細部や建造方法には違いがあった。

アメリカの戦時標準設計型貨物船は「リバティー型貨物船」と呼称された。本船の規模は総トン数七一九七トン、貨物積載量一万九二〇トン、全長一三二・〇メートル、全幅一七・〇メートル、主機関には大量生産が可能で機構や性能が安定している最大出力二五〇〇馬力の三衝程レシプロ機関一基が搭載された。その最高速力は一一・五ノット（時速二一・三キロ）であった。本船の建造の目的は可能な限り一度に大量の貨物の搭載が可能なことで、速力は優先されてはいなかったのである。

なおリバティー型貨物船は、アメリカ海事委員会が一九三九年に定めた四種類の標準設計型貨物船とはまったく別の規格の貨物船であることを認識しておく必要がある。

リバティー型貨物船に要求されたことは、船体の強度に影響が起きない範囲での構造の簡

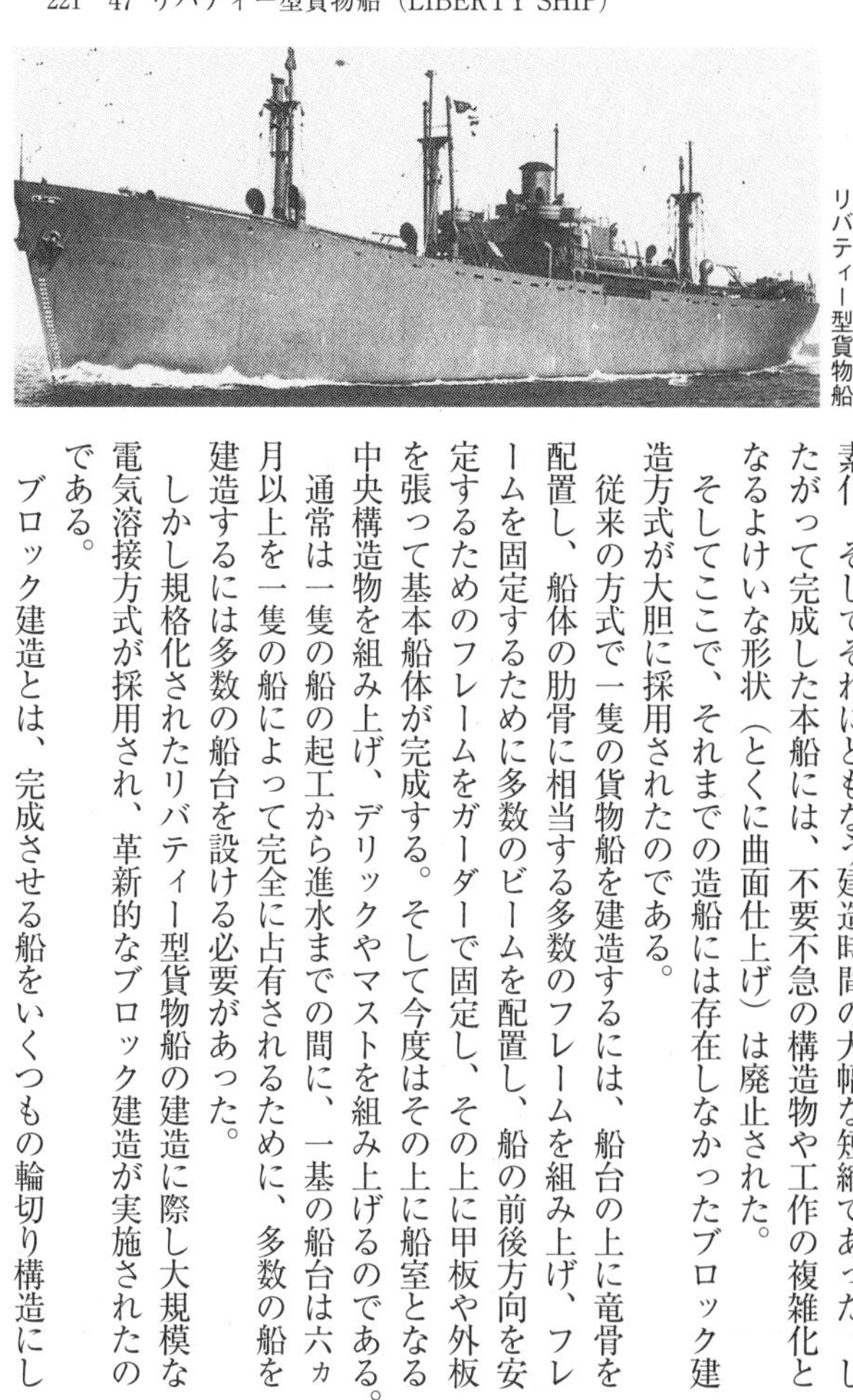
リバティー型貨物船

素化、そしてそれにともなう建造時間の大幅な短縮であった。したがって完成した本船には、不要不急の構造物や工作の複雑化となるよけいな形状（とくに曲面仕上げ）は廃止された。

そしてここで、それまでの造船には存在しなかったブロック建造方式が大胆に採用されたのである。

従来の方式で一隻の貨物船を建造するには、船台の上に竜骨を配置し、船体の肋骨に相当する多数のフレームを組み上げ、フレームを固定するために多数のビームを配置し、船の前後方向を安定するためのフレームをガーダーで固定し、その上に甲板や外板を張って基本船体が完成する。そして今度はその上に船室となる中央構造物を組み上げ、デリックやマストを組み上げるのである。

通常は一隻の船の起工から進水までの間に、一基の船台は六ヵ月以上を一隻の船によって完全に占有されるために、多数の船を建造するには多数の船台を設ける必要があった。

しかし規格化されたリバティー型貨物船の建造に際し大規模な電気溶接方式が採用され、革新的なブロック建造が実施されたのである。

ブロック建造とは、完成させる船をいくつもの輪切り構造にしたものとして、まずその多数の輪切りの部分を船台に近い場所でいくつも組み上げ、それらを船台上に並べて各輪切り構造物を電気溶接で繋ぎ合わせて一隻の船として完成させる方式である。

この手法を採用すれば、船の各部輪切り構造物は船台上でなくとも独自につぎつぎに組み立てることが可能で、船台は輪切り部分を並べて溶接で繋ぎ合わせる間の作業場となるだけで、その占有時間は劇的に短縮されるのである。

第二次大戦中のアメリカ海軍の多数の艦艇にも、このブロック建造方式が大々的に採用されていたのだ。護衛空母、戦車揚陸艦（ＬＳＴ）、護衛駆逐艦など、その応用例は多岐にわたっていたのである。

リバティー型貨物船は一九四一年一月から一九四五年七月までの四年六ヵ月の間に、じつに二七一二隻（約一九〇〇万総トン）も建造されたのであった。建造に携わった造船所は一七ヵ所におよび、なかでもベツレヘム・フェアフィールド造船所では三八五隻のリバティー型貨物船を建造している。そして時間の経過とともに各造船所の一隻当たりの建造期間は驚異的といえるほど大幅に短縮され、一隻の船が完成するまでに一ヵ月を切ることは稀ではなくなっていたのだ。

リバティー型貨物船の基本船体は緩いシーア（舷弧）を持つ平甲板型で、その上にあらかじめ工作された上部構造物（ハウス部分）が載せられ、電気溶接で固定されるのである。またマストやデリックもあらかじめ工作されたものが甲板上に固定され、船としての体裁が整えられるのである。

完成した戦時設計型貨物船の船体を日米で比較すると、船の基本構造である二重底も備えない徹底的に簡素化した日本の第二次戦時標準設計型貨物船に比べて、リバティー型貨物船ははるかに船らしい姿をしており、また細部にわたり上質な仕上げとなっていたのだ。

リバティー型貨物船は戦時使用が目的であったために、完成したすべての船には武装が施されていた。その多くは船首と船尾に七・五センチ単装砲各一門、二〇ミリ単装機関砲六乃至八門が装備されていた。太平洋戦線に送り込まれたリバティー型貨物船は、戦争末期には日本の特攻機への対策として二〇ミリ連装または単装機関砲一二〜二〇門を装備していた。

リバティー型貨物船が続々と建造されるなかで、第一線の要求にこたえて様々な型式も生み出されている。たとえば航空機運搬専用の貨物船である。この船は主翼と胴体を分解し木枠組みにした機体を船倉内に大量に搭載するので、一度に一〇〇機前後の戦闘機の輸送が可能となっていた。また一部の船は兵員輸送船として運用された。この場合は船倉内に将兵用の居住施設を整え、一度に二〇〇〇名から三〇〇〇名の将兵の輸送を可能にした。

リバティー型貨物船の全戦域での損害は二三五隻に達している。その内訳は敵艦艇や航空機の攻撃による損失一六一隻、触雷による損失一八隻、海難による損失五一隻、その他の原因による損失五隻となっていた。

戦争終結時、リバティー船の数は二四〇〇隻余りであったが、その後、これらの余剰船は戦争で持ち船を失った連合軍側の海運会社に廉価で売却され、また状態の悪いものは解体処分された。そして約一〇〇〇隻のリバティー船が予備輸送船として当面保存されることになり、アメリカ各地の汽水域や大河の河口などに係船されていた。しかし一九七〇年までにそのすべてが解体され、現存するリバティー船はわずかに二隻となっている。その中の一隻ジェレミア・オブライエンは稼働状態で記念船として保存されている。

48 エンパイア型貨物船（EMPIRE SHIP）

戦時下のイギリスが大至急建造した貨物船

エンパイア型貨物船はアメリカが建造した戦時標準設計型貨物船（リバティー型貨物船）と対比される、イギリス版の戦時標準設計型貨物船である。

一九三九年九月に第二次世界大戦が勃発してからの一年間で、イギリス商船隊は三一一万総トンの商船を、主にドイツ潜水艦の雷撃で失った。そしてつぎの一年間で四八〇万総トン、つまりわずか二年間でじつに七九一万総トンという膨大な商船を失うことになったのである。この数字は戦争勃発時点でイギリス商船隊が保有していた船腹の三七パーセントに相当する値なのである。そしてこの数字はイギリスの年間全造船能力の一〇倍に近い値でもあり、このままで推移すると遠からずイギリス商船隊は消滅することになるのである。

もはやイギリスは尋常な手段・対策で商船の建造を行なうことはできないのである。何らかの応急対策をとらなければならなくなっていた。

政府はこの事態に直面し、自国の造船力の増強対策を講じるとともに、アメリカに可及的速やかな商船（貨物船）の建造を依頼したのであった。この要請に対しアメリカは素早い反応を示したのである。前述のリバティー型貨物船の急速建造策を立ち上げ、ただちに作業に

エンパイア型貨物船

入ったのであった。

そして、このときイギリスが自国で主力商船として至急建造を開始した船がエンパイア型貨物船であった。

イギリスは戦時急造型貨物船の建造をすでに経験していた。第一次大戦中にもイギリスはドイツ潜水艦による攻撃で多くの商船を失っていたが、そのとき応急に建造された船（主に貨物船）を「オーシャン型貨物船」と称した。イギリスはこのオーシャン型貨物船に手を加え、より早期建造に適した構造を採用し、より速力を増したエンパイア型貨物船を新たに設計し、建造に取りかかったのである。

エンパイア型貨物船は、総トン数七一〇〇トン、全長一三四・〇メートル、全幅一七・四メートル、主機関には最大出力二五〇〇馬力の三衝程レシプロ機関を採用し、最高速力一一・五ノットを発揮した。エンパイア型とリバティー型の両貨物船は基本形にほとんど差がないのである。

ただオーシャン型貨物船には外形的に二種類が存在した。一つは標準的な中央ハウス型であり、もう一つは分離ハウス型である。これは中央のハウスを前後に分離し、その中間に船倉と船倉ハッチを配置する形状となっていた。つまりエンパイア型貨物船はこの二つのタイプがほぼ同数存在したのである。

エンパイア型貨物船はリバティー型貨物船とは異なり、建造方式は既存の「船台建造方式」が多用され、一部に電気溶接工法が採用されていた。ブロック建造方式は少数で実施されただけで、基本は従来の建造方式に従うものであった。それだけに一隻当たりの建造時間は長くなり、後には建造期間も四乃至五ヵ月程度に短縮はされていたが、必然的に建造数はリバティー型貨物船に比較して圧倒的に少なかった。

エンパイア型貨物船には一般的な汎用型貨物船のほかに、穀物運搬専用船や油槽船も含まれていたが、建造総量は一〇〇〇隻、七三一万総トン（リバティー型貨物船の約四分の一）であった。なおエンパイア型貨物船はカナダでも建造されたが、この船は「フォート型貨物船」と呼ばれた。

第二次大戦中に失われたエンパイア型貨物船の総数は二一〇万総トン、約三〇〇隻であった。戦争終結時に残存していたエンパイア型貨物船の大半は、持ち船を失ったイギリスおよび英連邦の商船会社に売却されている。

なお余談ながら、戦後、日本ではリバティー型貨物船を購入した海運会社はなかったが、フォート型貨物船（カナダ製）を購入した海運会社が一社存在する。それは日本海汽船社で、同社は購入したフォート型貨物船の船名を「かなだ丸」として、戦後の船腹が逼迫していた時期の主力商船として就航させて、長く運用していた。

49 ウォルヴァリン（WOLVERINE）

外輪推進装置を持つ異形の航空母艦

この艦は第二次大戦中にアメリカ海軍が造り上げた、世界にその例を見ない外輪推進式の航空母艦である。さらに一隻、同じ構造の空母セイブル（SABLE）が同時に造られている。

ウォルヴァリンは外洋で運用される航空母艦ではなく、アメリカの五大湖の一つミシガン湖で用いられた航空機搭乗員の訓練用の艦である。基礎飛行訓練を受けた海軍搭乗員が正規の航空母艦に配属される前に、離着艦の習熟訓練を行なうために準備されたのである。したがって本艦はアメリカの艦艇の分類の上では航空母艦には分類されず、「雑役艦」として区分されている。

一九四一年十二月にアメリカが第二次大戦に参戦すると、アメリカ海軍は航空母艦戦力強化のために早くも空母の建造に着手していた。その数は大型空母（エセックス級）二〇隻以上で、その後さらに応急建造の戦力として、巡洋艦の船体を母体にした複数の軽空母の建造の準備にも入ったのだ。これらの空母が完成すると各種艦載機のパイロットの数は優に一〇〇〇名を超えるものとなり、さらに多くの空母パイロットの需要が予想されるのである。

ウォルバリン

従来のアメリカ・イギリス・日本各海軍の空母搭乗員（主にパイロット）の訓練は、地上での基本教程を終えた後に現役の空母を利用して逐次、離着艦訓練を行なっていた。しかし一度に大量のパイロットの養成となると、現役の空母を活用することに支障が生じてくるのである。そこでアメリカ海軍は初期の離着艦訓練専用の空母を準備し、しかもその艦を敵潜水艦の攻撃を絶対に受けない内陸の広大な湖で実施することを計画、早速実行に移したのであった。

幸い五大湖には沿岸航路用の比較的大型の客船が多数存在していた。ただこれらの客船は五大湖の沿岸の水深の浅い区域を航行するために、その多くは推進装置が外輪式となっていたのだ。

アメリカ海軍は一九四二年に二隻の外輪式大型沿岸航路用客船を買収した。一隻は一九二〇年建造の排水量七二〇〇トンのシー・アンド・ビー（SEE AND BEE）、さらに一隻は排水量八〇〇〇トンのグレート・バッファロー（GREAT BUFFALO）であった。

二隻はいずれも四本煙突を装備した乾舷（水面から上甲板

までの高さ）の低い上甲板に三層の客室甲板を持つ客船であった。両船の規模は前者は全長一五二メートル、全幅一七・八メートル、後者は全長一六三メートル、全幅一七・七メートルであった。主機関は両船ともにレシプロ機関で、前者は最大出力一万一〇〇〇馬力、後者は一万二〇〇〇馬力で、最高速力は双方ともに一八ノットであった。

航空母艦に改造されるといっても格納庫を設ける必要はなく、飛行甲板だけあればよく、飛行甲板にはエレベーターやカタパルトを設置する必要もないのである。要するに上甲板上の客室甲板をすべて撤去し、そこに飛行甲板を置き、着艦制動用の索具と甲板前方への飛び出し防止用のネットを張ればよいのである。そして飛行甲板の右舷やや前方に簡単な構造の艦橋が設けられた。

ただし改造に際し、両船ともに航空母艦とするには全長がやや短いために、二隻ともに飛行甲板は基本船体の前後に大きくせり出していた。完成した二隻の「空母」の飛行甲板は、ウォルヴァリン（シー・アンド・ビー）は全長一六九・五メートル、全幅一九・二メートル、セイブル（グレート・バッファロー）は全長一八六・二メートル、全幅二一・〇メートルであった。この二隻の飛行甲板の規模は大量建造されたアメリカ海軍の護衛空母のそれと大差がないものとなっていた。

ウォルヴァリンは一九四二年八月、セイブルは一九四三年八月にそれぞれ完成し、ただちに就役している。

二隻の離着艦訓練は、ミシガン湖沿岸のシカゴの近傍にある海軍基地から飛来する練習機により行なわれた。アメリカ海軍はこの二隻を建造するにあたり、この基地に航空母艦発着艦訓練課程飛行隊（Carrier Qualification Training Unit）」を組織し、全国の海軍訓練航空基地で基礎飛行訓練を修了した訓練生をこの地に集結させ、二隻の特設訓練用航空母艦での離着艦訓練を実施したのである。

訓練ではノースアメリカンＴ６練習機の海軍版、ＳＮＪが用いられた。そして教程が進むにしたがい実戦用のグラマンＦ４Ｆ艦上戦闘機やダグラスＳＢＤ艦上爆撃機が使われたのであった。

この二隻の訓練艦で離着艦訓練を終えたパイロットの数は五万名に達したとされている。その中には後のアメリカ大統領になったジョージ・Ｈ・Ｗ・ブッシュも含まれていた。彼は太平洋戦争末期にＴＢＭアベンジャー雷撃機の搭乗員で小笠原諸島攻撃に加わったが、乗機が日本の対空砲火を受け海上に着水、後に救助されるという武勇伝がある。

二隻は戦争終結後まもない一九四五年十一月に退役し、その後、売却、解体された。

50 「蛟龍」

日本陸軍が開発した揚陸船

一見して艦艇を思わせる名前であるが、本船は日本陸軍が太平洋戦争中に開発し実用化した上陸戦に用いる船なのである。陸軍であるために「艦・艇」とは呼ばない。

日本陸軍は世界に先駆けて、その後の各国の同艇に影響をあたえた、上陸用舟艇を開発し実戦で多用した。この艇は「大発」（大発動艇）の呼称で親しまれ、陸海軍共通で上陸作戦や近距離の人荷の輸送手段として広く運用され、全建造数は六〇〇〇隻にも上った。そしてこの「大発」はアメリカが第二次大戦における上陸作戦で多用した上陸用舟艇（ＬＣＶＰ）の原型ともなったのである。

日本陸軍は一九四〇年（昭和十五年）に、この上陸用舟艇を基本にした拡大型の車両や重量物資の揚陸が可能な大型揚陸船の開発を開始した。

陸軍の構想は、一〇〇〇総トン級の船尾機関型の小型貨物船を基本にした、海岸に乗り揚げる揚陸船の開発であった。つまり上陸用舟艇と同じ発想で砂浜などの海岸にのし上げ、船首から渡り板を押し出し、搭載している車両や物資を海岸に陸揚げする大型船である。

この揚陸船を開発するために、陸軍は民間から七〇〇総トン前後の船尾機関型の小型貨物船を購入した。そしてこれに所定の改造（船首扉の新設、船内からの押出渡り板の新設、船首付近の船底構造の改造など）を行ない、試作型揚陸船を造り上げたのである。試作船は一九四一年七月に完成した。

本船の規模は総トン数六四一トン、貨物最大積載量七九〇トン、全長五三・八メートル、全幅九・〇メートルで、主機関は最大出力一二四六馬力のディーゼル機関一基を備えていた。最高速力は一四・六ノットを出すことが可能であった。

模擬揚陸試験の結果、この揚陸船は極めて実用性が高いと判断され、早速量産化が進められることになった。ただし実用化するにあたっては多少の船体の大型化が要求されたのである。

量産化が決まった揚陸船は総トン数七八四トン、全長五九メートル、全幅九・六メートルとなり、主機関は最大出力一二八〇馬力のディーゼル機関一基の搭載となった。最高速力は一四・〇ノットであった。

本船の外観は一般の船尾機関型の小型貨物船と区別するのは遠目では簡単ではないが、接近すると船首が丸型となりスマートさに欠けていることで判別ができた。船首扉の存在が船首の姿を変えたのである。

船倉は大容量の空間となっているが、船倉の床面は補強され二〇トンを超える戦車四両の収容が可能になっていた。また船倉の両側面には兵員を収容するための寝棚が木材を組み上げ準備された。甲板上には前後二ヵ所にハッチがあり、船首扉を開かずにデリックを使って船倉内への貨物の搭載が可能となっていた。

本船の車両や重量機材の揚陸方法は、船体を海岸に船首からのり上げて船首扉を開き、中から折り畳み式の渡り板を引き出し海岸へ渡し、車両を揚陸し、搭載された物資を人力などで運び出すのである。船倉には多数のリヤカーを搭載し、これを使って物資の揚陸を行なうのである。当時の日本にはこのようなときに活用できる自走式小型運搬車が開発されていなかったのである。

船の中央から船首にかけての船底の構造は、大発動艇と同じく海岸に揚陸および離岸するのに適した独特の構造になっていた。船を海岸にのり上げる際には、海岸に接近するときにあらかじめ船尾のバラストタンクに海水を注入して船尾側を沈め、船首側を持ち上げた状態にし、速力を上げて海岸にのし上げるのである。そしてこのとき船尾甲板に用意されている大型の錨を投下しておく。これは船を離岸させるときに船尾のバラストタンクの海水を排出し船尾を浮かせると同時に、投下しておいた錨によってウインチを用いて船を後方に引きずり出させるのである。

本船の揚陸と離岸の方法は、海軍の同じく揚陸型輸送艦である二等輸送艦やアメリカ海軍の戦車揚陸艦（ＬＳＴ）と同じであった。

陸軍は揚陸船の建造を一九四四年初頭より開始し、合計二一隻を建造した。完成した揚陸船はただちに運用が開始され、当初はサイパン島やパラオ（ペリリュー島）、フィリピン諸島方面への車両や物資の輸送に配船されたのである。そして同年九月以降は主にフィリピン方面への物資輸送に一〇隻前後が投入され、一部の船はレイテ島をめぐる逆上陸作戦にも投入された。

建造された二一隻の揚陸船は、一六隻が敵の攻撃で沈没あるいは大破・擱座し、終戦時残存していたのは五隻であった。その中の一隻はその後、九州商船社に売却され、離島航路用の客船に改造された。そして韓国との間に定期航路が開発されると「韓水丸」として長く同航路で貨客の輸送を行ない、その後解体された。

51 C4S型兵員輸送船

戦時下に量産されたアメリカの兵員専用輸送船

アメリカは第二次大戦中に様々な船を兵員輸送船として運用した。それは大型客船や小型客船も対象となり、また大量建造されたリバティー型貨物船も船倉内を改造することにより兵員輸送船として利用した。しかしこれら既存の商船を兵員輸送船とするのとは別に、兵員輸送が専用の船も多数建造したのである。

その代表的な船としてC4S型兵員輸送船がある。この輸送船は合計三〇隻が建造され、一九四四年以降、主にアメリカ本土からの陸軍部隊の大量輸送に活躍した。ただ本船の外観は極めて特殊な形状をしており、興味深い知られざる存在の船であったことに注目したいのである。

アメリカは大戦中に六型式七〇隻の兵員輸送船を建造した。これらの船は一度に一個連隊（約二〇〇〇名）から一個旅団規模（約六〇〇〇名）の大量の将兵の輸送を行なうのに適した構造となっている。

当初は兵員輸送には既存の客船を徴用し、内部の設備の一切を撤去し、そこにキット化された組み立て式の三段から五段の寝台を配置して輸送にあたった。しかし本来が複雑な構造

CS4型兵員輸送船

の客船であるために、大量の将兵の収容は可能でも、乗船する将兵の船内での行動に制約が生じ、また緊急事態に際しても制約となり、一度に大量の将兵の輸送が可能という利便性ばかりを追求してはいられない状況となってきたのである。

そこで考え出されたのが将兵の輸送専用船であった。アメリカが計画した兵員輸送専用船は様々な試行錯誤の経過をへて、最終的に効率のよい兵員輸送船の建造に辿り着くことになったのであった。その典型的な船の一つがC4S型輸送船である。

本船の外観は極めてシンプルな姿となっている。船体は船尾機関式で、基本船体部分の大半を兵員の居住区域とすることができると同時に、船体構造を複雑化する上部構造物（ハウス部分）を持たないために、メインデッキの上部を上陸用舟艇の搭載場所などとして広く活用することが可能であった。つまり上陸作戦用兵員輸送船としては最適な構造の船になるのである。

本型式の船では基本的に船体内に三六〇〇名（歩兵約二個連隊）の将兵を収容し、同時に一七〜二〇隻の上陸用舟艇（LCVP）を搭載することができた。これによって一度の上陸用舟艇の運用で一二〇〇〜一四〇〇名（歩兵約二個大隊）の将兵の上陸が可能になるのである。

本船の規模は基準排水量一万六五四トン、全長一五六・〇メートル、全幅二一・三メートルで、主機関は最大出力九二〇〇馬力の蒸気タービン機関を搭載し、最高速力一七ノットを発揮した。

本船の完成は予定よりやや遅れ一九四四年六月以降にずれ込んだために、太平洋戦域での上陸作戦で使われる機会は少なく、主にヨーロッパ戦線に送り込むアメリカ陸軍将兵の輸送に使われた。

兵員専用輸送船の多くは一九四四年後半の完成であり、他の型式の輸送船ももっぱらアメリカ陸軍将兵のヨーロッパ戦域への輸送に使われた。なおその中で客船型のP2S2-R2型兵員輸送船の一部は、戦後、民間海運会社に売却され、客船に改造された船もあった。その中の一隻のジェネラル・W・P・リチャードソン（基準排水量一万八九二〇トン）はプレジデント・ライン社に売却され、客船プレジデント・ルーズベルトとなり、アメリカ西岸と日本・東南アジア間の航路やクルーズ客船として一九七一年頃まで運行されていた。

なお、その後予備艦として保存されていた兵員専用輸送船は、一九七〇年代初めにすべて解体された。

52 アラスカ（ALASKA）

あまりにも大きすぎて持て余した巨大巡洋艦

アラスカはアメリカ海軍が第二次大戦中に完成させた大型巡洋艦で、本艦に近い規模としてはドイツ海軍の戦艦シャルンホルストとグナイゼナウがある。アラスカの主砲は三〇センチ砲であり、純然たる重巡洋艦に分類するには例外的な存在になり、大型巡洋艦として区分するには分類上に明確さが欠ける不思議な存在なのである。

アメリカ海軍が本艦を建造した目的は、一九三〇年代後半に日本海軍が三〇センチ主砲を搭載した「超」重巡洋艦の建造を進めている、との情報を得たことによる対抗策であった。もし日本海軍がこの「超」重巡洋艦を完成させ、太平洋において通商破壊作戦などが展開されれば、既存の重巡洋艦戦力では太刀打ちできないことになりかねない。この事態への効果的な対抗策は、アメリカ海軍でもそれに対応できる「超」重巡洋艦の建造が必要となるのである。まさに大艦巨砲主義なればこその発想である。

しかしこの日本海軍の「超」重巡洋艦建造計画はまったくの誤報であることが後に判明するのである。この状況にむしろ日本側がその対抗策をとる羽目になり、一九四一年（昭和十六年）に策定された第五次海軍軍備拡張計画（通称、マル五計画）で超大型巡洋艦（超甲型巡洋艦七九五号艦）の建造を進めることになったのである。

この超甲型巡洋艦は基準排水量三万一四〇〇トン、最高速力三三ノット、五〇口径三〇センチ三連装砲塔三基を搭載する、まさにアラスカ級重巡洋艦に拮抗する性能・戦力の巡洋艦であったのだ。ただし超甲型巡洋艦の建造はまもなく中止された。

一方のアメリカ海軍は計画された「超」重巡洋艦をアラスカ級巡洋艦として六隻の建造を開始したのである。その後、工事の先行している二隻の建造は続けられたが、残る四隻の建造は中止されている。

二隻の「超」重巡洋艦は一九四一年七月に起工され、一番艦はアラスカと命名され、二番艦はグアム（ＧＵＡＭ）として建造が進められたのであった。

アラスカ級重巡洋艦の基本要目は、基準排水量二万七〇〇〇トン、全長二四六・四メートル、全幅二七・七メートル、四基合計出力一五万馬力の蒸気タービン機関を搭載し、四軸推進による最高速力は三三ノットが計画されていた。搭載兵器は五〇口径三〇センチ三連装砲塔三基、一二・七センチ連装両用砲塔六基、機銃多数、魚雷発射管は搭載しなかった。

本艦の防御は当初は戦艦並みを考えていたが、その後、巡洋艦と同等の舷側垂直装甲二二〇ミリ、舷側水線下装甲一二七ミリ、砲塔装甲一四〇〜三二五ミリ、水平装甲（最厚部）九五ミリに抑えられた。

船体は平甲板型で艦首から艦尾まで全通の甲板で、高速力を求めるために艦の全長に対する全幅の比率は、アメリカ海軍の重巡洋艦の平均値九・五に近い八・九となっていた。この

アラスカ

値は高速力を求める艦としては理想的であったが、後に大型であるがために大きな問題を残すことになったのであった。

本艦の装備で目立つものに航空戦力の充実があった。艦の中央両舷側にはカタパルトが一基ずつ配置され、その間の空間とカタパルト上に合計五機の水上偵察機の搭載が可能であった。

また本艦を特徴づけるものとして長大な航続距離があった。本艦の建造目的に日本海軍の通商破壊作戦に対する防衛があったが、そのために長期間の任務を遂行する航続力が通常の巡洋艦に比較し格段に大きくなっていたのだ。その航続距離は速力一五ノットで一万二〇〇〇カイリ（約二万二〇〇〇キロ）であった。

一番艦アラスカは一九四四年六月に完成し、訓練の後、同年十二月より太平洋艦隊に配属され、機動部隊の直援艦として空母部隊と行動をともにした。二番艦のグアムは一九四四年九月に完成し、翌年二月から太平洋艦隊に派遣され、アラスカとともに空母部隊の直援艦として活動を開始した。

二隻の実戦投入時期は第二次大戦の末期であり、アメリカ海軍機動部隊の沖縄上陸作戦や日本本土空襲への機動部隊と行動をともにしている。この間の一九四五年四月に二隻はこの戦争でただ一度だけの主砲射撃を展開している。攻撃目標は南大東島で、このとき両艦で合計七〇〇発の三〇センチ砲弾を同島に撃ち込んだ。

アラスカ級の両艦は戦後、一九四七年二月に退役しているのである。予備艦に位置づけられ、モスボール処理され、汽水域に係留保管されたのであった。そして一九六〇年六月には艦籍から除籍され解体されたのだ。最新艦であったにもかかわらず、なぜ短期間の運用の後、除籍されたのであろうか。それには本艦の持つ特有の事情があったからとされている。

本艦は空母部隊の直援艦として行動を開始した直後から、その操艦性能に多くの問題が発生していたのであった。高速力の持ち主ではあるが、とくに旋回性能に悪癖があり、敵の攻撃に際しての回避運動では舵の利きが悪く、艦隊の回避行動を乱すことがたびたび見られていたのである。高速の持ち主ではあるが直進性がまさり、旋回するための舵の利きが悪いのである。

この悪癖の原因については船体の極端な細長さに加え、舵と推進器の位置も関係していたようで、これらを改善するには大規模な改良が必要となったのである。戦後、本艦の新たな用途が検討されたが、高額の予算が必要となる改造はあきらめ、結局は廃艦処分になったとされているのである。

53「あけぼの丸」

戦後、鮮烈なデビューを果たした華麗な小型客船

本船は終戦まもない一九四七年（昭和二十二年）に建造された東海汽船社の離島航路用の小型客船である。終戦直後に現われたこの船は総トン数四〇〇トンそこそこの小型船ではあるが、その外観が日本の商船として前例のないほどの流線型に仕上げられていて、日本の造船史上に残る存在であった。

太平洋戦争で日本は戦時中に建造されたいわゆる戦時急造型の商船を含め、じつに二五六八隻、八四三万総トンの商船を失ったのである。そして戦争終結時点で日本に残された商船は合計一二一七隻、一三八万総トンに過ぎなかった。そしてこれら商船も稼働状態にある船はわずかに八〇万総トン、七三〇隻で、その多くが戦時急造型の粗悪な貨物船だったのである。

（注）ここで登場する「商船」とは、鋼鉄製の一〇〇総トン以上の船を示し、一般漁船や機帆船は含まれない。

当時の日本国内は疎開者の帰郷や大量の復員軍人、あるいは帰国邦人の移動で国内の交通

事情は逼迫の状態にあった。とくに鉄道は戦時中のあらゆる設備や施設の酷使で列車ダイヤは混乱、運転本数も激減していたのであった。

この状況に対し占領軍最高司令部（ＧＨＱ）は、国内の沿岸航路を活用した貨客の輸送を推奨し、そのための小型客船の建造を特例で認めたのである。ただし建造する商船には制限が設けられた。その制限は総トン数二〇〇〇トン未満、最高速力は一五ノット未満というものであった。

この新船建造許可のもとで、日本郵船社、大阪商船社、三井船舶社、川崎汽船社、関西汽船社、東海汽船社などが合計二八隻の小型貨客船の建造を展開した。これを称して以後「二八隻組」と呼ばれるようになった。

翌一九四八年までにこれら二八隻のほぼすべては完成し、予定航路に就航することになった。その中でも一際異彩を放ったのが東海汽船社が建造した「あけぼの丸」であった。ちなみに「あけぼの丸」の船名は主に東京在住の人々からの応募で決められたのである。

本船が許可となった建造目的は、房総線、横須賀線、伊東線の輸送力緩和のための、東京と房総半島の館山、伊豆半島の下田、三浦半島の横須賀などへの海上輸送力強化であった。しかし実際に本船が就航したときの航路は「東京〜伊豆大島〜下田」となっていた。つまり荒廃していた大島航路の改善であったのだ。

「あけぼの丸」の基本要目は、総トン数三九九トン、全長四三・二メートル、全幅七・五メートルで、主機関は最大出力五五〇馬力のディーゼル機関一基を搭載し、最高速力は一三・

あけぼの丸

五ノットとなっていた。

完成した本船は、船としては飛びぬけた流線型となっていた。船首から船尾まで流れるようなラインでまとめられ、突出物としての煙突も当初は配置されていなかった。ディーゼル機関の排気ガスは、舷側の内側を通る煙路で船尾まで導かれ、そこから排出されるようになっていたのである。

船体の塗装も船としては常識的な黒と白の塗り分けではなく、全体はクリーム色に塗られ、側面に緑色の大きな稲妻模様をあしらったきわめて斬新な出で立ちであった。

「あけぼの丸」で興味深いのは船内の配置であった。旅客定員は一等から三等まで合計二〇〇名で、船内はこれまで大島航路に就航していた「菊丸」「橘丸」から受け継がれてきた独特の配置のミニチュア版ともいえるものであった。つまり定員二人のベッド室、二人掛け用のロマンスシート席、絨毯敷きの雑居室、さらに狭いながらも食堂まで設けられていたのである。

本船には一〇〇トンまでの貨物が搭載できる小型の船倉も準備されており、まがりなりにもＧＨＱ命令の「貨客輸送用」の船には適っていたのである。

「あけぼの丸」は就航以来、一貫して東京〜大島〜下田航路に運用されていた。伊豆大島は戦後の混乱期にありながら東京都民の観光の場所として君臨し、本船による観光客輸送はその後も安定して展開されたのである。当然ながら当初申請していた東京〜館山、東京〜横須賀〜三崎航路への配船は一度もなかったのである。本船は一九七〇年に老朽化のために解体された。

54 ヴァンガード（VANGUARD）

完成時に無用の長物と化した世界最後の戦艦

　ヴァンガードはイギリス海軍の戦艦である。その完成は戦艦の黄金時代が過ぎた第二次大戦後の一九四六年四月であった。ただし少なくとも「世界で最後に完成した戦艦」という栄冠を戴くことはできたのである。

　本艦はまぎれもない超弩級戦艦で、起工は第二次大戦勃発後の一九四一年十月であった。しかし進水は戦争末期の一九四四年十月、就役はすでに戦後となった一九四六年五月であり、世界で最も遅く完成した戦艦となった。

　ワシントン・ロンドン各海軍軍縮条約の失効にともない、艦艇の建造に関し無条約時代に入ると、イギリス海軍は一四インチ（三六センチ）主砲搭載のキング・ジョージ五世級に続き、一六インチ（四〇センチ）主砲九門を搭載する新型戦艦ライオン級二隻の建造を進めた。そして一九三九年に二隻が起工されたが、第二次大戦の勃発直後からイギリスはドイツ潜水艦による激しい通商破壊戦に見舞われたのであった。当時のイギリス海軍はこの商船の損害を食い止めるのに十分な数の護衛艦艇の手持ちがなかったのである。

　イギリスがただちに実行しなければならないことは、敵潜水艦攻撃の抑止力となる護衛艦

ヴァンガード

艇の至急の配備であった。このためにイギリス海軍は起工直後のライオン級戦艦の建造を中止し、可及的すみやかな各種護衛艦艇（護衛駆逐艦、フリゲート、スループ、コルベットなど）の建造を開始したのである。

その一方で戦争勃発直後にドイツ海軍が強力な戦艦ビスマルク級二隻を完成させたために、イギリス海軍は多数の護衛艦艇と同時に、ビスマルク級戦艦に対抗できる戦艦を建造する必要に迫られたのである。イギリス海軍にはビスマルク級戦艦の三八センチ主砲に対抗できる戦艦ネルソン級二隻を保有していたが、これらはあまりに低速であり、新たに少なくとも三八センチ主砲を搭載する新鋭艦が必要であったのだ。

ところが当時のイギリスではライオン

級戦艦に搭載する予定の四〇センチ主砲の開発は進められていたが、三八センチ主砲には着手していなかったのである。にわかに求められた新型戦艦のために、三八センチ主砲の開発を行なう時間的余裕はなかった。そこで生まれた代案が第一次大戦中に建造された大型軽巡洋艦カレージアス級（三隻）に搭載され、その後、航空母艦に改造する際に撤去した三八センチ主砲の転用であった。つまり取り外された三八センチ主砲を砲塔ごと新戦艦に搭載するのであり、この方式が採用されたのであった。

ヴァンガードの完成時の基本要目はつぎのとおりであった。基準排水量四万四五〇〇トン、満載排水量五万一四二〇トン、全長二四八・三メートル、全幅三二・八メートル、主機関は合計最大出力一三万六〇〇〇馬力の蒸気タービン機関で、四軸推進による最高速力は三一・五七ノットであった。

そして武装は三八センチ連装砲塔四基、一三センチ連装両用砲塔八基、ボフォース四〇ミリ六連装機関砲一〇基、同連装二基、同単装一一門となっていた。主砲塔はカレージアス級巡洋艦から撤去したものが一部改良されて搭載された。

装甲は搭載主砲に似合わず強靭で、舷側装甲（水線下主要部）は三三〇〜三五六ミリ、砲塔二七四ミリ（側面）〜三二四ミリ（前盾）、甲板装甲は機関室上面で一二七ミリとなっていた。船体形状は艦首から艦尾まで全通甲板であったが、艦首甲板には凌波性を向上させるために、それまでのイギリス戦艦には見られなかった強いシーア（舷弧、カーブ）が付けられていた。

ヴァンガードは同型艦四隻の建造が予定されていたが、本艦の工事中に戦艦そのものの意義が消滅し、わずか一隻の建造で終わることになったのである。そして完成したのは戦後となり、すでに本艦はイギリス海軍でも持て余した存在となっていたのだ。

ヴァンガードは完成後とりあえず英本国艦隊旗艦の位置についたが、その威厳も迫力にも乏しく、王室の御召艦の任務しかなくなっていたのである。本艦は早くも一九五六年には予備艦となり、一九六〇年に除籍とともに解体された。

55 ユナイテッド・ステーツ（UNITED STATES）

色あせた世界最高速のアメリカの大型客船

ユナイテッド・ステーツはアメリカが保有した最大の客船であり、同時に世界最高速の客船でもあった。しかし本船の本来の建造目的は純然たる客船としてもたらされたものではなかったのだ。

第二次世界大戦中、イギリスのほとんどすべての客船は戦時政府に徴用され、軍隊輸送船や特設巡洋艦として運用されたのである。なかでも世界最大・最速の客船であったクイーン・メリーとクイーン・エリザベスは、一度に約一個師団に相当する将兵の輸送が可能で、連合軍のヨーロッパ戦線での戦局に大きく寄与することになったのであった。

遅れて参戦したアメリカは、その直後にこの二隻並みの兵員輸送力のある輸送船の建造を計画していた。政府は当面一隻の大型・高速輸送船の建造を進めることとして、運航はユナイテッド・ステーツ・ライン社に委託した。建造予算として三分の二を政府が、三分の一をユナイテッド・ステーツ・ライン社が出すことになった。ただしこの船はあくまでも客船として設計するが、船内の構造は短時間で軍隊輸送船、あるいは病院船に改造できるものであった。

ユナイテッド・ステーツ

一九四三年に建造が開始されたが工事は遅れ、戦後に船内の一部改設計が行なわれたためにさらに遅れ、とりあえず客船として完成したのは一九五二年六月であった。

本船の設計は著名な客船設計者ウィリアム・F・ギブスであるが、彼の生来の秘密主義によって、とくに最高速力がどれほどであったのかについては公表されなかった。本船の全体像が明らかになったのは彼の死後となったのである。

ユナイテッド・ステーツはアメリカの商船設計基準に厳格に則り設計されており、船内の「不燃構造・不燃材料の使用」には厳しく従っていたのである。そのために本船の船室や公室の家具・調度品や壁面絵画や装飾品にいたるまで不燃材料が使われており、公室のピアノまでアルミニューム加工であった。本船で使われている木材は厨房の俎板だけ、と揶揄されるほどだったのである。

ユナイテッド・ステーツは総トン数五万三三二九トン、全長三〇一・八メートル、全幅三〇・八メートルで、主機関は四基合計二四万一八〇〇馬力という世界最強の舶用蒸気タービン機関を搭載していた。

本船の船体の全長に対する全幅の比率は九・八で一般の客船に比較し極めて大きな値で、巡洋艦並みの数値となっていた。これは高速をめざしたものであり、その最高速力がどのくらいであるのかは、世界の船舶関係者にとっては大きな興味であった。一時は四三ノットを記録したという情報が喧伝されるほどであった。

ユナイテッド・ステーツの処女航海は一九五二年七月四日、ニューヨークからイギリスのリバプールまでの大西洋航路であった。このとき往路では平均速力三五・五九ノット（時速六五・九キロ）、帰りの航海では平均速力三四・五一ノット（時速六三・九キロ）を記録し、クイーン・メリーが持つ大西洋横断平均速度記録を一四年ぶりに更新、アメリカ初のブルーリボンを獲得したのであった。しかしすでに客船による大西洋横断の速力競争は過去のものとなっており、この記録について、もはや誰も興味を持つ人はいなかったのである。

ユナイテッド・ステーツが大西洋で活躍した期間は長くはなかった。一九六〇年代に入る頃からヨーロッパとアメリカの間の旅客の足は航空機へと移行し、船客は急速に減少した。それにともないユナイテッド・ステーツも一九六九年をもって北大西洋航路から引退したのであった。そして現在に至るまで係留されたままである。

その後、たびたび勃発する国際的な緊張状態の中で、本船を軍隊輸送船として運用する計画が何度か持ち上がったが、そのつど莫大な改造費の目途が立たず、計画は立ち消えとなっていた。本船はいまだにユナイテッド・ステーツ財団と保存会の手で保管されている。

56 アンドレア・ドーリア（ANDREA DORIA）

美人薄命だったイタリアの美し過ぎた大型客船

アンドレア・ドーリアは一六世紀のイタリア・ジェノヴァでオスマン帝国を相手に活躍した有名な提督の名前である。この名前を冠した戦艦は第一次大戦中に完成している。また、現在のイタリア海軍のミサイル駆逐艦にもその名が受け継がれている。

第二次大戦後に建造されたイタリアの大型客船の船名は、そのほとんどがイタリアの歴史上の有名な人物の名前を採用している。たとえばジュリオ・チェザーレ（ジュリアス・シーザー）、レオナルド・ダ・ヴィンチ、ミケランジェロ、ラファエロ、オーガスタス等々である。

アンドレア・ドーリアはイタリアン・ライン社が建造した北大西洋航路用の客船で、三万総トン級の高速船である。本船は一年前に完成した二万七〇〇〇総トン級の二隻の大型客船オーガスタス級の拡大型ともいえる船であったが、その外観の極めて美しい姿で有名になった。本船の大きなスマートな一本煙突はイタリアン・ライン社のファンネルマークが緑・赤・白で描かれて、黒と白に塗り分けられた流麗な船体を一層際立たせていた。

しかしアンドレア・ドーリアの名前を有名にしたのは、その美しさよりも悲劇的な最期にあったといえる。

戦後も一九五〇年代を迎えると、イタリア最大の海運会社であるイタリアン・ライン社は二万七〇〇〇〜三万総トン級の客船五隻をつぎつぎと建造し、北大西洋航路に就航させた。この頃は戦後の経済難からアメリカへ渡るイタリア人が多く、その輸送手段として客船が求められていたのである。

アンドレア・ドーリアは一九五二年十二月にイタリアの名門造船所であるアンサルド造船所で竣工した。総トン数二万九〇八三トン、全長二一三・四メートル、全幅二七・五メートルの本船は、合計最大出力五万馬力の蒸気タービン機関二基により、二軸推進での最高速力は二五・三ノットを発揮した。乗客は一等二一八名、二等三二〇名、三等七〇三名の合計一二四一名であった。姉妹船にはクリストフォロ・コロンボ（CRISTOFORO COLUMBO）がある。

本船は戦前に同社が運航していた美しい客船として有名であった五万総トン級のコンテ・ディ・サヴォイアに優る美貌を誇り、デビュー当時からその名がひろく知れ渡っていた。しかし本船に突然の不幸が訪れたのである。就航からわずか三年後、北大西洋で客船と衝突し沈没したのである。

一九五六年七月二十五日の午後、ニューヨークから東北東に約五〇〇キロの位置にあるナンタケット灯台の南南東約三〇〇キロ地点を、アンドレア・ドーリアは二〇ノットの速力でニューヨークに向かって進んでいた。このときほぼ同じ海域を、ニューヨークを出港しスウ

アンドレア・ドーリア

エーデンのストックホルムに向かっていた同国の客船ストックホルム（STOCKHOLM、総トン数一万一〇〇〇トン）が東に向かって進んでいた。当時この海域はこの時期特有の霧で覆われており、視界は十分とはいえなかった。

両船は視界がきかないために、それぞれレーダーを監視しながら航行していた。アンドレア・ドーリアは本船の進路のやや北側を東に向かって進む船を確認したが、レーダーの上ではその船は本船に接近して来るように見えたのである。つまり相手船は直進するアンドレア・ドーリアの右舷側から接近するととらえたのであった。

お互いの船が進む方向から判断し、アンドレア・ドーリアは舵を左に切り、その船を回避しようとした。そしてお互いに船が視界にはいったときには、すでに遅かったのである。ストックホルムの船首がアンドレア・ドーリアの右舷前方（船橋付近）の船腹に衝突したのであった。

ストックホルムは冬に結氷するバルト海の航行が可能なように船首は強靭な耐氷構造になっていたために衝突の衝撃は大きかった。アンドレア・ドーリアの防水隔壁は破壊され、しだいに右舷に傾き沈下を始めたのである。衝突から一一時間後にアンドレア・ドーリアは沈没した。沈没までの時間が長く、また救助作業が迅速に行なわれたために、犠牲者の数が五〇名だったのがせめてもの救いであった。

ストックホルムはその後、運営会社が変転して船名が変わり、クルーズ客船に改造されて、現在はアメリカの会社が所有している。

なお沈没したアンドレア・ドーリアの代船として、イタリアン・ライン社は三年後に総トン数三万三三〇〇トンのレオナルド・ダ・ヴィンチ（LEONARDO DA VINCI）を建造した。しかし本船が運航した頃から北大西洋航路の船客の減少が始まり、同航路での就航期間は短かった。そしてレオナルド・ダ・ヴィンチはクルーズ客船に転用された後に廃船となった。

57 「ゆきかぜ」

海上自衛隊最初の国産自衛艦

数々の激闘をくぐり抜けて太平洋戦争終結時に奇跡的に無傷で残存した唯一の日本海軍駆逐艦「雪風」の艦名を冠した本艦は、海上自衛隊の護衛艦である。「ゆきかぜ」は海上自衛隊が戦後初めて建造した国産護衛艦「はるかぜ」型の二番艦とし、一九五六年（昭和三十一年）七月に就役した。

海上自衛隊のはじまりは一九五二年四月に海上保安庁に設けられた海上警備隊である。同隊が発足当時保有していた艦艇は、第二次大戦中にアメリカ海軍が大量建造（九六隻）したタコマ級フリゲートであった。当時のフリゲートとは、対潜攻撃兵器を搭載した船団護衛、あるいはパトロール専門の小型艦艇を称した。

タコマ級フリゲートは基準排水量一四五〇トン、全長九三・八メートル、全幅一一・四メートル、主機関は合計出力五五〇〇馬力の三衝程レシプロ機関二基で、最高速力は一八ノットであった。タコマ級フリゲートは主として敵潜水艦に対する対潜水艦哨戒と船団護衛の任務にあたっていた。

同フリゲートは火器として七・五センチ単装砲三門、四〇ミリ連装機銃二基、二〇ミリ単

ゆきかぜ

装機銃九梃を装備していた。また対潜兵器としては前投式多連装小型爆雷投射器（ヘッジホッグ）一基、片舷式爆雷投射器八基、爆雷投下軌条二基、そして高性能ソナーを搭載していた。

海上警備隊はその後の組織の強化にともない、日本周辺の海上防衛を目的とする海上自衛隊への進展が図られた。このとき、武装強化の第一陣として出現したのが新型護衛艦「はるかぜ」と「ゆきかぜ」であった。本艦の建造は一九五三年（昭和二十八年）度防衛計画の中で進められ、基準排水量一七〇〇トンの護衛艦二隻の建造が決まったのである。

建造は当時の新三菱重工・神戸造船所で行なわれ、起工は一九五四年十二月、進水は一九五五年八月、竣工は一九五六年七月であった。

全通平甲板型の「ゆきかぜ」は、全長一〇六メートル、全幅一〇・五メートル、基準排水量一七〇〇トン、満載排水量二四三〇トン、極めてスマートな外観の艦となっていた。主機関は合計最大出力三万馬力の蒸気タービン機関で最高速力三〇ノットを発揮した。

本艦の武装は三八口径一二・七センチ単装砲三門、四〇ミリ四連装機銃二基、対潜兵器として艦首後方両舷にヘッジホッグ二基、艦尾に片舷投射式爆雷投射器合計八基、Mk2型短魚雷投射器二基を装備していた。また対空・対水上レーダー、最新型対潜ソナーを搭載し、当時としては第一級の対潜攻撃能力を持つ艦となっていたのである。

「ゆきかぜ」はその後、海上自衛隊の主力護衛艦として活動、自衛艦隊旗艦の重責も担っていた。

本艦は在籍中に特殊な任務を行なっている。

一九七四年十一月、東京湾木更津沖で海難事故が発生した。このとき貨物船と衝突した大型タンカー「第十雄洋丸」（総トン数四万三七〇〇トン）は積荷のナフサが炎上し、消火活動に困難を生じたのである。同船は炎上漂流を続けたため、東京湾外に曳航され、海上自衛隊の護衛艦と航空機により沈められることになった。「ゆきかぜ」はこのとき「第十雄洋丸」に対し、一二・七センチ砲弾多数を撃ち込んでいる。その後、同船は犬吠埼東南東沖約五二〇キロの海中に没した。

「ゆきかぜ」は一九八五年三月に除籍され、艦齢三〇年目となる翌一九八六年八月、能登半島沖の海上で射撃標的艦として沈んだのである。

58 フランス（FRANCE）

大型客船の栄光の時代はよみがえらず

客船フランスはフランスのフレンチ・ライン社が、一九六二年という航洋定期大型旅客船が終末期を迎えたときに就航させた巨大客船である。時代錯誤な印象を受ける客船であるが、その完成度は完璧であった。しかし、新しい時代の中ではドン・キホーテ的な存在の客船となり、世界はもはやフランスを受け入れることはなく、寂しい一生を送ることになったのである。

一九六〇年代に入る頃の国際間の人の移動は急速に航空機に移行していた。もはやヨーロッパとアメリカを結ぶ交通手段は、かつて栄華を極めた客船の時代は過ぎ去りつつあった。そして旅客機の発達は目をみはるばかりで、乗客六〇〜八〇名を乗せていた大型レシプロ機は、たちまち乗客一〇〇名を超えるより速力の早いジェット旅客機へと進化していた。北大西洋航路からはつぎつぎと大型定期客船が引退してゆき、少数の客船が船旅を好む旅客を対象に運航されていたのであった。

一九五〇年代の後半、後のフランスの大統領シャルル・ド・ゴールの肝いりで、かつてのフランスの名客船ノルマンジーに匹敵する高速大型客船を建造、就航させることになったの

フランス

である。アナクロニズムな思考で経済性を無視したこの押しの強さは、戦後フランスをよみがえらせたド・ゴールの偉大さと辣腕ぶりを象徴するものであった。

この高速大型客船の建造と運行には多額の国家予算が投入されることになったのである。すでに色褪せた存在となっている、過去の栄光の客船ノルマンジーを彷彿させる大型高速客船は、その名も「フランス」と決められた。

総トン数六万六三四三トン、全長三一六・一メートル、全幅三三・八メートルのフランスは、ル・アーブルのアトランティーク造船所で一九六一年十一月に完成した。「フランス」の主機関は四基合計一六万馬力の蒸気タービン機関で、試験走行で最高速力はノルマンジーやライバルのクイーン・メリーを大きく引き離す三五・二一ノットを記録した。しかしアメリカのユナイテッド・ステーツの速度記録にはわずかに及ばなかったのである。それでも几年ぶりに登場した高速大型客船であることには違いないのであった。

大西洋旅客定期船の運航が終焉となる時期に登場したフ

ランスは、集客には一時的な刺激にはなったが、もはや往時の隆盛を仰ぎ見ることはできなかった。収益限界を下回る航海の連続は国家予算の垂れ流しとなった。

フランスの営業成績の向上のために、いくつものクルーズ案が企画された。なかには世界一周航海も試みられたが失敗に終わった。本船の全幅はパナマ運河の閘門の幅より大きく、通航が不可能なのであった。実行された世界一周航海はこれまでの客船の中でも例外的な南アメリカ南端経由となった。本船は燃料代がかさみ、交代乗組員の輸送には多額の運賃をかけて航空機で行ない、消耗品の供給の煩雑さなども重なり、結果的には大赤字となった。

本船で唯一世界的に有名になったものは、船内で供される豪華な料理の数々であった。さまざまな種類の最高級のフランス料理が毎回の食事で船客にもてなされた。しかしこれを食べるために、わざわざフランスに乗船するまでには客は増えなかった。

一九七四年五月に新しい大統領ジスカール・デスタンが就任すると、客船「フランス」の国としての運航補助金が打ち切られたのである。これでフレンチ・ライン社は窮してしまった。

一九七四年九月に最後の北大西洋航海を終えると、老いた遺産ともいえるフランスの巨体はル・アーブル港に係留されることになった。

その後一九七九年にノルウェーのクルーズ会社が「フランス」を購入し、カリブ海クルーズを中心に運航を展開することになり、船名は「ノルウェー」（ＮＯＲＷＡＹ）と改められて就航した。クルーズ航海の業績は必ずしも健全ではなかったが、二〇〇三年にボイラーの爆発事故が発生、本船は大きく破壊され解体されることになったのであった。

しかしフランスの機関室周辺には断熱・耐火用の大量のアスベストが使われており、これを撤去しない限り解体の目途が立たないのである。本船の解体場所は二転三転した後に、最終的にインド西部のアラン海岸で行なわれることになったのである。かつての美しいフランスの船体は色あせ錆びつき、巨体は自力で海岸の砂浜にのし上げ、人力により解体が進められた。そして二〇〇八年に解体は終了した。

59「山城丸」

世界を驚愕させた日本が建造した超高速貨物船

戦後日本の造船業は驚異的な復活をとげた。終戦から六年目には早くも戦前の優秀貨物船と同じ船の建造を開始していた。とくに需要の急増する大型貨物船のすべてが優れた速力性能を示し、世界の同等の貨物船を上回る性能を発揮し、貿易業発展の強い媒体となったのである。そこで建造された日本の貨物船の多くが最高速力一九乃至二〇ノットという高速の持ち主であったのだ。こうした状況において世界の貿易輸送では有利な展開が可能となったのであるが、それにともない貨物船にさらに高速力を求める声も高まってきたのである。

この要望に対して日本の船舶設計者たちは造船所との共同研究のなかで、さらなる高速貨物船の誕生に関わる革新的な研究を進めていたのであった。つまり「超高速船」となる船体設計の確立と実用化であった。そしてその船体設計理論を実証するために一隻の試作高速貨物船の建造が計画されたのである。

この高速貨物船の建造目的は、航海速力二〇ノット以上が可能であり、しかもこの速力を維持するのに必要な主機関の出力が、従来の一六乃至一七ノットの速力となる機関出力でまかなえることであった。つまり高速船でありながら運航経費を従来以下に削減するのであった。

一九六二年（昭和三十七年）十月、日本郵船社は新しい船体設計に基づく一隻の貨物船を完成させた。総トン数九六七六トンの「山梨丸」である。

「山梨丸」に搭載された機関は最大出力一万七五〇〇馬力のディーゼル機関で、一軸推進による最高速力は二三・六四ノットを記録した。この速力はそれまでの日本の商船の最高記録二三・五ノット（注）を二〇年ぶりに更新したことになった。そして同時に通常型貨物船として世界最高速の貨物船ともなったのである。

（注）客船型関釜連絡船「崑崙丸（こんろん）」（七九〇〇総トン）が一九四三年に二三・五ノットを記録した。

しかしこの速力はあくまでも最高速力であり、この船が航海速力で二〇ノットを保って航行する場合には多くの燃料を消費するに違いないのである。

そこで「山梨丸」を建造した三菱造船長崎造船所は、夢でもある航海速力二〇ノット航行が可能な貨物船の建造に挑戦したのであった。それも従来の機関出力より各段に少ない出力で二〇ノットを出せる船体である。この夢の高速貨物船の実現に向けて造船技術者が開発した最新の船体設計理論が、「半没水船体理論」にもとづく船体の設計であった。

これは、船体の船首で発生する造波抵抗、およびそれに続く側波抵抗が、理論上では最小になる船体形状（没水体）があり、その上に船体を載せれば高速航行が可能な船ができあが

山城丸

り、それにより機関出力を大きく低減させ高速航行が可能になるというのである。
　一九六三年十一月、日本郵船社は半没水船体理論を具体化させた高速貨物船「山城丸」を完成させた。本船の主機関の最大出力は「山梨丸」より四〇〇〇馬力も小さい一万三五〇〇馬力のディーゼル機関で、そこで出せる最高速力は「山梨丸」より一・一五ノット遅い二二・四五ノットであった。しかし貨物満載時の航海速力は一九・七五ノットでありながら、主機関はフルパワーを発揮する必要がなかったのである。つまり航海速力二〇ノットの達成に成功したのであった。
　このことは、理想とする二〇ノットの高速航海を行ないながらも、燃料消費量の低減が可能であることを証明するものであった。世界の海運会社に与えた影響は計り知れないものがあったのだ。
　日本郵船社はその後、半没水船体理論にもとづく高速貨物船をつぎつぎと建造し、北米や欧州の基幹航路に配船したのである。そのなかで一九六六年に建造されたKクラス高速貨物船「紀伊丸」の誕生は衝撃が大きかった。

「紀伊丸」は総トン数一万一九三一トン、最大出力一万八〇〇〇馬力のディーゼル機関を搭載し、最高速力は二四・九三ノット、航海速力は二〇・七五ノットという快速ぶりを発揮したのである。この速力はその後コンテナ船が登場するまで、通常型貨物船の世界最高航海速度記録となっていたのであった。

しかしこの通常型貨物船の高速化はコンテナ輸送の時代を迎え、急速に消滅してゆくことになったのである。世界の物流革命は急速であった。コンテナ船は一度に通常型貨物船の数倍の貨物を搭載し、三〇ノット近い高速での航海を常識化したのである。

貨物船の革命児となった「山城丸」は、建造一〇年後の一九七三年にはスエズ運河経由の地中海航路というローカル航路に配船されていた。その最中の一九七三年十月十一日、本船はアクシデントに見舞われたのである。

この日、「山城丸」はシリアのラタキア港への入港準備中であった。すでに五日前には、中東地区で第四次中東戦争が勃発していたのだ。この日の夜、ラタキア港外に停泊していた「山城丸」は侵入してきたイスラエル海軍の高速ミサイル艇が発射したミサイルの直撃を受け炎上したのである。

このミサイルは本来は「山城丸」が目的ではなく、本船を遮蔽物として隠れていたシリア海軍の快速艇を狙ったものであった。しかし発射されたミサイルの熱感応式弾頭は「山城丸」の機関室が発する舷側の熱を感知したのであった。

この攻撃で「山城丸」は航行不能となり、廃船処分となった。「山城丸」の乗組員全員は、その後飛行機で日本に帰還している。

60「ガリンコ号」

世界に例のない流氷の海を航行する観光船

この船は奇想天外な方法を採用して誕生した、世界にその例を見ない珍しい「流氷を眺める遊覧船」なのである。北海道のオホーツク海沿岸には毎年二月頃になると流氷が押し寄せ、観光名物となっていた。しかしこの流氷は海岸から眺めることしかできないのである。流氷の上にはときにはアザラシや海鳥が乗っており、人が散歩を楽しむことはできないが、大きな興味の対象になっていた。

毎年流氷が押し寄せることで知られる沿岸の紋別市では、この流氷を積極的に観光資源とする考えが以前から存在した。

一九八一年（昭和五十六年）に三井造船社がアラスカ油田の開発のために、氷上でも動くことが可能で、同時に氷海でも航行ができる小型船を試作したのである。この推進方法には極めて特殊な方式が採用されたのである。

同社は「螺子（ねじ）を回すと前進する」というアルキメデスの螺子の原理を応用したスクリュー（アルキメディアン・スクリュー）を開発し、この小型船の推進器としたのである。これは細長い円錐形の筒の周りに螺旋状の鰭を固定し、船底にこの円筒状の「螺子」を、細い方を

ガリンコ号

前に向け、互いに内側に逆回転するように配置したのである。そしてこれらとは別に通常の推進器も船尾に取り付けたのであった。小型船は四本の「螺子」状の推進器を回転させて海上を航行するが、流氷の上に乗り上げると「螺子前進」の原理で氷を割りながら進むことができるのである。

この船はその後有効利用するために、日本船用機器開発協会（現、日本船用工業会）と三井造船社の協力のもとに紋別市と提携し運用を試みることになったのである。

この特殊船は紋別市に傭船され、流氷観光船として就航することになったのだ。船名は「ガリンコ号」と名付けられた。本船は一九八七年に流氷が接近する期間だけ流氷観光の名の下に運航を開始したが、結果は予想を上回る盛況となったのだ。

「ガリンコ号」は全長二四・九メートル、全幅七・六メートル、四本の特殊スクリューをディーゼル機関で回転するが、氷厚五〇センチ未満ならば三ノット（時速五・五キロ）、氷厚五〇～七〇センチであれば一・五ノット（時速二・八キロ）の速力であった。

初代「ガリンコ号」は油田開発に関わる実験に供される試作船を改造したものであったために、定員はわずか三二名だった。また旅客設備が不十分であり、流氷期間中の大勢の観光客に不自由をかけることになってしまった。その後、予算の獲得ができたので、一九九七年（平成九年）に総トン数一五〇トン、旅客定員一九五名の「ガリンコII号」を完成させ、就航したのであった。

この新型船の登場により、それまで海岸から二キロが航行範囲であったものが一〇キロまでとなり、より詳細な流氷の見学が可能になったのである。

「ガリンコII号」は初代「ガリンコ号」の運航実績から、「アルキメディアン・スクリュー」をより大型化し、それまでの四本配置を二本配置に改め、保守運転の簡素化を図っている。

「ガリンコII号」は全長三四・八メートル、全幅一二・七メートル、総トン数一五〇トンで初代の三九トンに比べて四倍近い大きさになっている。航海速力は初代とほぼ同じであるが砕氷能力が多少強化されている。

「ガリンコII号」はオフシーズンには釣り船として人気があり、夏期の運航も行なっている。

なおより高性能化した「ガリンコIII号」が二〇二〇年七月に完成しており、現在就航中である。

おわりに

本書では主として近世から現在までに誕生した船について落穂ひろい的に紹介してある。各船にはその船が誕生にいたる興味ある歴史の背景がある。

その生涯は人間の一生に似ているところがあり、歴史に翻弄される船、歴史を作り上げる船、縁の下の力として活躍する船、国力を誇示することを目的に造られた船など、様々である。

数多造られた船について、すべてを紹介することは不可能であるが、この書を皮切りに機会があれば、いま少しいくらかの興味ある話を今後も紹介したいと思っている。

NF文庫書き下ろし作品

NF文庫

艦船の世界史

二〇二二年六月二十三日　第一刷発行

著　者　大内建二

発行者　皆川豪志

発行所　株式会社　潮書房光人新社

〒100-8077　東京都千代田区大手町一-七-二

電話／〇三-六二八一-九八九一(代)

印刷・製本　凸版印刷株式会社

定価はカバーに表示してあります

乱丁・落丁のものはお取りかえ致します。本文は中性紙を使用

ISBN978-4-7698-3265-2　C0195

http://www.kojinsha.co.jp

NF文庫

刊行のことば

第二次世界大戦の戦火が熄(や)んで五〇年――その間、小社は夥しい数の戦争の記録を渉猟し、発掘し、常に公正なる立場を貫いて書誌とし、大方の絶讃を博して今日に及ぶが、その源は、散華された世代への熱き思い入れであり、同時に、その記録を誌して平和の礎とし、後世に伝えんとするにある。

小社の出版物は、戦記、伝記、文学、エッセイ、写真集、その他、すでに一、〇〇〇点を越え、加えて戦後五〇年になんなんとするを契機として、「光人社ＮＦ（ノンフィクション）文庫」を創刊して、読者諸賢の熱烈要望におこたえする次第である。人生のバイブルとして、心弱きときの活性の糧(かて)として、散華の世代からの感動の肉声に、あなたもぜひ、耳を傾けて下さい。